普通高等教育电子信息类专业系列教材

电子技术实验教程

主　　编　张博霞
副主编　赵峰玉　汪　峰　陈　辉　郭世宁

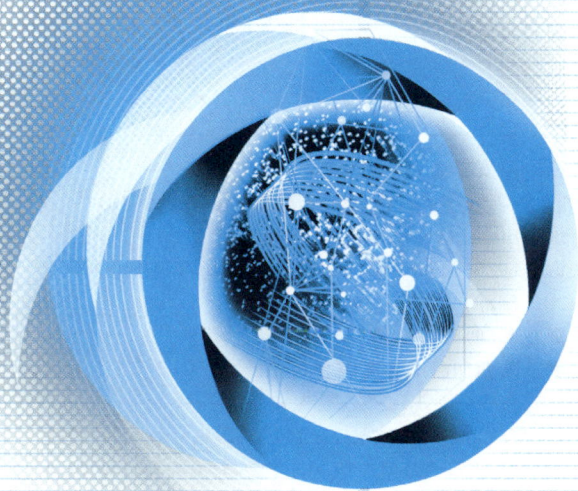

西安交通大学出版社
XI'AN JIAOTONG UNIVERSITY PRESS

图书在版编目(CIP)数据

电子技术实验教程 / 张博霞主编. --西安：西安
交通大学出版社，2025.6. -- ISBN 978 - 7 - 5693 - 3880 - 5

Ⅰ. TN01 - 33

中国国家版本馆 CIP 数据核字第 2024FU0602 号

书　　名	电子技术实验教程	
主　　编	张博霞	
策划编辑	杨　璠	
责任编辑	张明玥	
责任校对	刘艺飞	
装帧设计	伍　胜	

出版发行　西安交通大学出版社
　　　　　（西安市兴庆南路 1 号　邮政编码 710048）
网　　址　http://www.xjtupress.com
电　　话　(029)82668357　82667874(市场营销中心)
　　　　　(029)82668315(总编办)
传　　真　(029)82668280
印　　刷　陕西印科印务有限公司

开　　本　787 mm×1092 mm　1/16　印张　18.25　字数　374 千字
版次印次　2025 年 6 月第 1 版　　2025 年 6 月第 1 次印刷
书　　号　ISBN 978 - 7 - 5693 - 3880 - 5
定　　价　49.80 元

如发现印装质量问题，请与本社市场营销中心联系。
订购热线：(029)82665248　(029)82667874
投稿热线：(029)82668525

前 言
Foreword

在科技飞速发展的今天，电子技术作为信息化时代的基石，是推动现代社会进步的关键力量。掌握扎实的电子技术基础，不仅是通信、电子信息类、自动化专业学生探索电子技术集成电路领域的基础，也是众多对电子技术感兴趣人士探索科技世界的必备工具。

本书以应用型人才培养为目标，以"夯实基础、注重实践、培养能力"为宗旨，力求将理论知识与实践应用紧密结合，在学习电子技术基础知识的同时，掌握基本的实践技能，培养分析问题和解决问题的能力。

本书聚焦电子技术领域，首先介绍半导体、三极管等电子元器件的发展历程，以及对电子技术课程发展有突出贡献的科学家与教育学者。同时，简要呈现我国电子技术芯片领域的创新成果，激发学生民族自豪感与科技报国志向。实验的设计遵循循序渐进原则，力求理论与实践深度融合：从基本单元电路的验证、设计，到复杂电子系统设计，助力学生在实践中深化理论理解，达成理论与实践无缝对接。书中重视基本电子技术技能培养，涵盖电子仪器使用、元器件识别与检测等内容。设置验证及设计电路实践环节，鼓励学生自主提出设计方案，通过实践验证可行性，激发创新思维。本书设计了多个综合性实践项目，如数字时钟设计、火警报警电路设计、"打地鼠"游戏电路设计与实现等。这些项目可有效锻炼学生系统设计、项目管理、问题解决及创新思维能力，推动知识向实际应用转化。

本书第一部分由赵峰玉老师编写；第二部分由汪峰老师编写；第三部分和第五部分由张博霞老师编写；第四部分及附录 E、附录 F 由陈辉老师编写；附录 A 至附录 D 由郭世宁老师编写。

在编写过程中，编者参考了国内优秀教材和文献资料，并融入多年教学与实践经验。但因电子技术发展迅速，加之编者水平有限，书中难免存在不足之处，恳请广大读者批评指正。

编者

2025 年 2 月

目 录
Contents

第四部分　数字电子技术综合设计性实验

第五部分　扩展实验

附　录

第一部分

模拟电子技术基础实验

实验一
常用电子仪器的使用与元器件测试

　　1956 年，中国提出"向科学进军"，同年国家制定并开始实施《1956—1967 年科学技术发展远景规划》，明确了目标。国家决定由五所大学（北京大学、复旦大学、吉林大学、厦门大学和南京大学）联合在北京大学开办半导体物理专业，共同培养一批半导体人才，从半导体材料开始，自力更生研究半导体器件。我国半导体产业自改革开放以来，经过大规模的引进、消化、吸收，以及 20 世纪 90 年代以来的重点建设，整个产业经历了一个从技术引进到自主创新的过程。我国半导体市场目前已经成为全球最大和贸易最活跃的半导体市场。

一、实验目的

　　(1)掌握数字示波器、任意波发生器、台式万用表的原理和专业技术指标。

　　(2)掌握模拟电路实验箱的布局和使用方法。

　　(3)掌握常用电子元器件的辨认和测量方法，能判断三极管的材料、类型及三个电极。

二、实验仪器与器材

　　数字示波器、任意波发生器、台式万用表、模拟电路实验箱。

三、实验原理

1. 数字示波器

　　数字示波器是一种用途广泛的电子测量仪器，可以直观地显示随时间变化的电压波形。用户通过触摸操作界面的输入框，在弹出的虚拟键盘上，输入参数进行设置。

2. 任意波发生器

　　任意波发生器可从单通道或从双通道同时输出基本波形(包括正弦波、方波、锯齿皮、脉冲和噪声等)，为实验电路提供交流信号。

正弦电压有效值和电压峰峰值的关系是：$U_{pp}=2\sqrt{2}U_{rms}$。

注意：U_{pp}表示电压峰峰值，U_{rms}表示电压有效值。

3. 台式万用表

台式万用表主要用于直流和交流电压、直流和交流电流、电阻、电容、频率、连通性和二极管极性测试等，还能进行多种数学运算及任意传感器测量。台式万用表不仅具有高精度和高分辨率，还可以记录和保存历史测量数据。

4. 二极管

二极管具有单向导电性，只允许电流在一个方向上通过（称为正向偏压），反向时则阻断电流（称为反向偏压）。只有在 PN 结上加正电压才能导通，电流从 P 型半导体流向 N 型半导体，不能从 N 型半导体流向 P 型半导体。

1N4007 是塑料封装的通用硅材料整流二极管，价格低廉，广泛应用于各种交流变直流的整流电路中，也用于桥式整流电路，其色环端为负极。

使用万用表检测二极管的正、反向电阻值，可以判别出二极管的电极，还可大致判断出二极管是否损坏。也可以将数字万用表置于二极管挡位，将二极管的负极与数字万用表的黑表笔相连，正极与红表笔相连，此时显示屏上的显示值即为二极管正向导通电压。硅二极管正向导通电压一般为 0.550～0.700 V，锗二极管正向导通电压为 0.150～0.300 V。

5. 三极管

三极管是一种用于控制电流的半导体器件，其作用是把微弱信号放大成幅值较大的电信号，也用作无触点开关。

三极管是基本的半导体元器件，具有电流放大作用，是电子电路的核心元件。三极管是在一块半导体基片上制作两个相距很近的 PN 结，两个 PN 结把整块半导体分成了三部分，中间部分是基区，两侧是发射区和集电区，排列方式有 PNP 和 NPN 两种，如图 1.1.1 所示。

9012 三极管为 PNP 型三极管。9013 三极管是一种 NPN 型小功率三极管，其主要用于收音机及各种放大电路中。

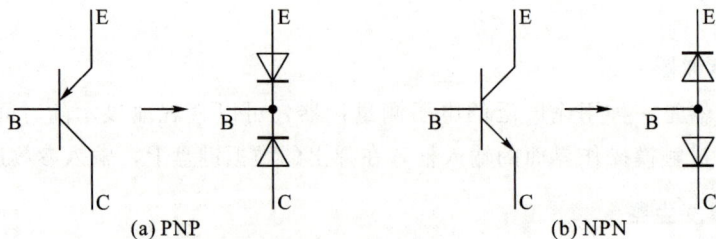

图 1.1.1　三极管结构

1)判定基极和三极管类型(用 $R \times 1$ k 挡)

由于三极管的管脚 B(基极)到 C(集电极)和 B 到 E(发射极)构成两个 PN 结,如图 1.1.1 所示。首先,任意假定一个管脚为基极,将一支表笔接在该假定基极上,另一支表笔分别测试其他两个管脚。若测试得到两次测量的电阻都大(或者都小),这时可将红、黑表笔互换,再重复以上测量。若此时测得电阻变得很小(或很大),则假定的基极是正确的。如果假定的基极与其他两个管脚间的电阻一大一小,则应选择另外的管脚作为假定基极,重复以上步骤,直至找出基极。

当基极确定后,若黑表笔接 B 极,红表笔分别接 C 极和 E 极,所测电阻很小,则被测管为 NPN 管。若红表笔接 B 极,黑表笔分别接 C 极和 E 极,所测电阻很小,则被测管为 PNP 管。

2)判断发射极和集电极

若已确定三极管为 NPN 型,这时,把黑表笔接假定的 C 极,红表笔接假定的 E 极,并用手捏住 B、C 二极(但不能使 B、C 二极接触)。此时人体相当于在 C 极与 B 极接入的偏置电阻,读出此时 C 极与 E 极间电阻值;然后,将两表笔对调重测,并与前一次读数相比较。若第一次测量阻值小,则原来的假设成立,即黑表笔接的是 C 极,红表笔对应为 E 极。因为 C 极与 E 极间电阻值较小,说明通过万用表的电流较大,偏置正常。

3)检查穿透电流 I_{CEO} 的大小

将基极开路,测量 C 极与 E 极间电阻值,黑表笔接 C 极,红表笔接 E 极(PNP 管相反),如阻值较高(几十千欧以上),则说明穿透电流较小,三极管能正常工作,反之,若 C 极与 E 极间电阻小,则穿透电流大,三极管受温度影响大,工作不稳定。

四、实验内容及步骤

(1)测量 $f = 1$ kHz、$U_{rms} = 100$ mV 的交流正弦信号。

用任意波发生器产生 $f = 1$ kHz、$U_{rms} = 100$ mV 的交流正弦信号,用数字示波器观察波形、用台式万用表进行电压验证,了解误差。

(2)测量 $f = 15$ kHz、$U_{rms} = 600$ mV 的交流正弦信号。

用任意波发生器产生 $f = 15$ kHz、$U_{rms} = 600$ mV 的交流正弦信号,用数字示波器观察波形、用台式万用表进行电压验证,了解误差。

(3)测量 $f = 1$ kHz、$U_{pp} = 900$ mV 的交流正弦信号。

用任意波发生器产生 $f = 1$ kHz、$U_{pp} = 900$ mV 的交流正弦信号,用数字示波器观察波形、用台式万用表进行电压有效值的测量。

(4)测量 $f = 100$ kHz、$U_{pp} = 3$ V 的交流正弦信号。

用任意波发生器产生 $f = 100$ kHz、$U_{pp} = 3$ V 的交流正弦信号,用数字示波器观察波形、用万用表进行电压有效值的测量。

(5)测量二极管。

使用万用表的 PN 结挡位测量实验箱中二极管 4007、4148 的极性并记录正向导通电压。

(6)测量三极管。

使用万用表的 PN 结挡位测量实验箱中三极管 9013、9012 的 PN 结极性并记录正向导通电压。

(7)测量电阻。

测量实验箱中 20 Ω、9.1 kΩ、10 MΩ 电阻的实际电阻值大小并与理论值比较，记录误差。

(8)测量电容。

测量实验箱中 330 nF、47 nF、1000 μF、470 μF 电容的实际测量值大小并与理论值比较，记录误差。

五、实验报告要求

(1)简要写出实验中用到的各个仪器的使用方法。

(2)简述实验中所要求的四个交流信号的调节方法并记录实验数据。

(3)完成思考题。

六、思考题

(1)用示波器观察任意波发生器的波形时，示波器和任意波发生器测试线上的红夹子和黑夹子应如何连接？

(2)万用表测量的电压是正弦波的电压有效值还是电压峰峰值？

实验名称：常用电子仪器的使用与元器件测试

学生姓名： 班级： 学号：

实验日期： 成绩：

一、实验目的

二、实验原理

三、实验设备

四、实验记录

按照"实验内容及步骤"中的内容填写表 1.1.1 至表 1.1.8。

表 1.1.1 测量 $f=1$ kHz、$U_{rms}=100$ mV 的交流正弦信号

任意波发生器读数	示波器波形	万用表读数	误差分析（相对误差）

表 1.1.2 测量 $f=15$ kHz、$U_{rms}=600$ mV 的交流正弦信号

任意波发生器读数	示波器波形	万用表读数	误差分析（相对误差）

表 1.1.3　测量 $f=1$ kHz、$U_{pp}=900$ mV 的交流正弦信号

任意波发生器读数	示波器波形	万用表读数	误差分析（相对误差）

表 1.1.4　测量 $f=100$ kHz、$U_{pp}=3$ V 的交流正弦信号

任意波发生器读数	示波器波形	万用表读数	误差分析（相对误差）

表 1.1.5　测量二极管

二极管	正向导通电压（二极管挡）
4007	
4148	

表 1.1.6　测量三极管

三极管（9013）	万用表读数（二极管挡）	三极管（9012）	万用表读数（二极管挡）
BE 两端		BE 两端	
CE 两端		CE 两端	
CB 两端		CB 两端	
BC 两端		BC 两端	

表 1.1.7　测量电阻

电阻	万用表读数（电阻挡）	误差分析（相对误差）
20 Ω		
9.1 kΩ		
10 MΩ		

表 1.1.8　测量电容

电容	万用表读数（电容挡）	误差分析（相对误差）
330 nF		
47 nF		
电解电容 1000 μF		
电解电容 470 μF		

五、思考题

将思考题答案写在对应题号下。

（1）

（2）

教师签名：

基本放大电路

1912 年，美国通用电气公司的化学家朗缪尔和美国电话电报公司的阿诺德，在各自的公司，分别研制出高真空的电子三极管，大幅度提高了三极管的放大倍数，使其工作性能更加稳定。从此，三极电子管进入了实用阶段。

1947 年 12 月，由美国贝尔实验室的肖克利、巴丁和布拉顿组成的研究小组，研制出点接触型锗晶体管。1956 年，肖克利、巴丁、布拉顿三人，因发明晶体管共同荣获诺贝尔物理学奖，肖克利也被誉为"晶体管之父"。

一、实验目的

(1)掌握放大器静态工作点的测量和调试方法，能分析静态工作点对放大器性能的影响。

(2)掌握放大器电压放大倍数、输入电阻、输出电阻的测量和计算方法。

(3)熟悉常用电子仪器及模拟电路实验设备。

二、实验仪器与器材

数字示波器、台式万用表、任意波发生器、模拟电路实验箱。

三、实验原理

图 1.2.1 为分压式偏置放大电路图。它的偏置电路采用 R_{B1}、R_W 和 R_{B2} 组成的分压电路，并在发射极中接有电阻 R_E，起到稳定放大器静态工作点的作用。当在放大器的输入端加入输入信号 U_i 后，在放大器的输出端便可得到一个与 U_i 相位相反，幅值被放大了的输出信号 U_o，从而实现电压放大。

1. 测量放大器的静态工作点

在 $U_i = 0$ 的情况下进行测量，选用量程合适的直流毫安表和直流电压表，分别测量晶体管的集电极电流 I_C 及各电极对地的电势 V_B、V_C 和 V_E。

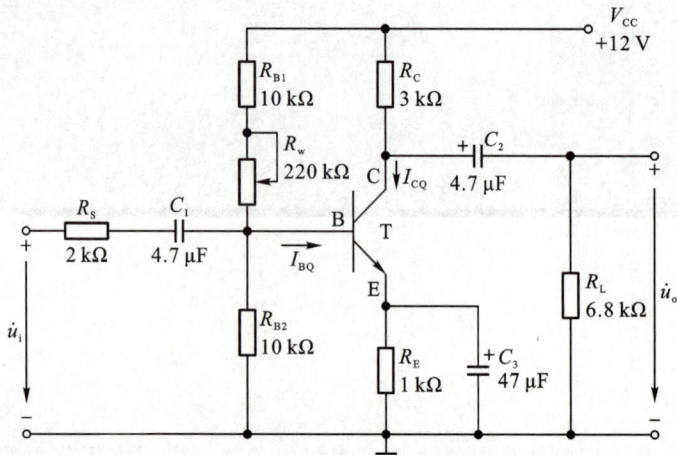

图 1.2.1　分压式偏置放大电路图

$$I_{CQ} = \frac{\left(\dfrac{R_{B2}}{R_w + R_{B1} + R_{B2}} \cdot V_{CC} - V_{BEQ} \right)}{R_E} \tag{1.2.1}$$

$$V_{CEQ} = V_{CC} - I_C (R_C + R_E) \tag{1.2.2}$$

$$I_{BQ} = \frac{I_{CQ}}{\beta} \tag{1.2.3}$$

　　静态工作点是否合适，对放大器的性能和输出波形都有很大影响。若静态工作点偏高，放大器在加入交流信号以后易出现饱和失真，此时输出电压 U_o 的负半周将被削波；若静态工作点偏低，则易产生截止失真，即输出电压 U_o 的正半周被削波（一般截止失真没有饱和失真明显）。

2. 动态调试

　　选定工作点以后还必须进行动态调试，即在放大器的输入端加入一定的输入电压，检查输出电压 U_o 的大小和波形是否满足要求，如不满足，则应调节静态工作点的位置。静态调试应在输入信号为零的情况下进行，即将放大器输入端与地端短接，然后用万用表测量晶体管的集电极电流及各电极对地的电压。

　　放大倍数 (A_V) 是直接衡量放大电路放大能力的重要指标。

$$A_V = \frac{U_o}{U_i} = \frac{-\beta R'_L}{r_{be}} \quad （旁路电容接入时） \tag{1.2.4}$$

或

$$A_V = \frac{-\beta R'_L}{r_{be} + (1+\beta) R_E} \quad （旁路电容未接入时） \tag{1.2.5}$$

其中，

$$r_{be} = 300 + (1+\beta) \frac{26}{I_E} \tag{1.2.6}$$

当负载电阻开路时

$$R'_L = R_C \tag{1.2.7}$$

输入电阻 R_i 的大小表示放大电路从信号源或前级放大电路获取电流的多少，输入电阻越大，从前级获取电流越小，放大电路得到的输入电压 U_i 越接近信号源电压 U_s。为了测量放大器的输入电阻，在放大器正常工作的情况下，用万用表测出相关参数，即可计算出输入电阻 R_i。

$$R_i = \frac{U_i}{U_s - U_i} \cdot R_s \tag{1.2.8}$$

测出负载电阻接入时的输出电压 U_{oL} 及负载电阻开路时的输出电压 $U_{o\infty}$，即可计算出输出电阻 R_o。

$$R_o = \left(\frac{U_{o\infty}}{U_{oL}} - 1\right) \cdot R_L \tag{1.2.9}$$

四、实验内容及步骤

1. 静态工作点测量

按图 1.2.1 连接电路。接入直流电源（＋12 V），调节 R_w 使 V_{CEQ} 约等于 6 V。测量并记录放大器的静态值，填入实验表格。

2. 电压放大倍数测量

从输入端加入 $U_s \approx 10$ mV，$f = 1$ kHz 的正弦信号，用示波器观察输出端 U_o 波形，在输出波形不失真的情况下，用台式万用表的交流挡测量当 $U_s \approx 10$ mV 时的输出电压 U_{oL} 及 $R_L = \infty$ 时的输出电压 $U_{o\infty}$，并按照公式(1.2.4)计算出电压放大倍数，填入实验表格。

3. 输入输出电阻测量

在 U_o 及 U_i 不变的情况下，按照公式(1.2.8)计算其输入电阻。输出电阻按照所测数据 U_{oL} 及 $U_{o\infty}$ 代入公式(1.2.9)进行计算，并将结果填入实验表格。

4. 观察静态工作点对输出波形的影响

当 $R_L = 6.8$ kΩ 时，调节 R_w 使输出波形出现失真，画出其波形图，测量 V_{CE} 与 R_w 的值。再将 R_w 向相反方向调节，使输出波形出现失真，画出其波形图，测量 V_{CE} 与 R_w 的值。判别两次失真分别是哪种失真状态，并将所测数据填入实验表格。

五、实验报告要求

(1)测试静态工作点参数与估算工作点参数的比较、分析。

(2)记录各数据与测试波形。

(3)分别讨论静态工作点改变时对放大器输出波形、放大倍数、动态范围的影响。

(4)根据实验数据计算出电压放大倍数，与计算值比较，若有偏差，分析其原因。

六、思考题

(1)根据测出的晶体管的 β 值(例 $\beta=120$),当 $R_{B1}=10\ \mathrm{k\Omega}$,$R_{W}=35\ \mathrm{k\Omega}$,$R_{B2}=10\ \mathrm{k\Omega}$,$R_{C}=3\ \mathrm{k\Omega}$,$R_{E}=1\ \mathrm{k\Omega}$,$R_{L}=5.1\ \mathrm{k\Omega}$,$V_{CC}=12\ \mathrm{V}$,$V_{BE}=0.7\ \mathrm{V}$,估算静态工作点。

(2)当原来的静态工作点在动态负载线的中心时,如果 R_{W} 增加,那么 V_{CE} 值是增大还是减小,是产生饱和失真还是截止失真?

实验名称：**基本放大电路**

学生姓名：　　　　　　班级：　　　　　　学号：

实验日期：　　　　　　　　　　　　成绩：

一、实验目的

二、实验原理

测量放大器的静态工作点和电压放大倍数并画出电路图。

三、实验设备

四、实验记录

按照"实验内容及步骤"中的内容填写表 1.2.1 至表 1.2.4。

表 1.2.1　静态工作点测量

静态工作点	V_{BEQ}	V_{CEQ}	I_{CQ}
估算值	0.7 V	6 V	1.5 mA
实测值			

表 1.2.2　电压放大倍数测量

R_L	U_s	U_i	U_o	A_V
6.8 kΩ				
∞				

表 1.2.3　输入输出电阻测量

项目	U_s	U_i	R_i	U_{oL}	$U_{o∞}$	R_o
测试值						

表 1.2.4　观察静态工作点对输出波形的影响

R_L	输出波形	V_{CEQ}	R_w	失真状态
6.8 kΩ				
∞				

五、思考题

将思考题答案写在对应题号下。

（1）

（2）

教师签名：

组合放大电路

一、实验目的

(1)了解阻容耦合放大器的级间联系及相互关系。

(2)测量多级放大器的电压放大倍数。

(3)测量放大器的频率特性。

二、实验仪器与器材

数字示波器、台式万用表、任意波发生器、模拟电路实验箱。

三、实验原理

在实际应用中，需要放大电路的性能满足多方面的需求，仅靠单一放大电路往往不能实现，因此，需要选择多个基本放大电路，并将它们合理连接，构成组合放大电路。

组合放大电路如图 1.3.1 所示。

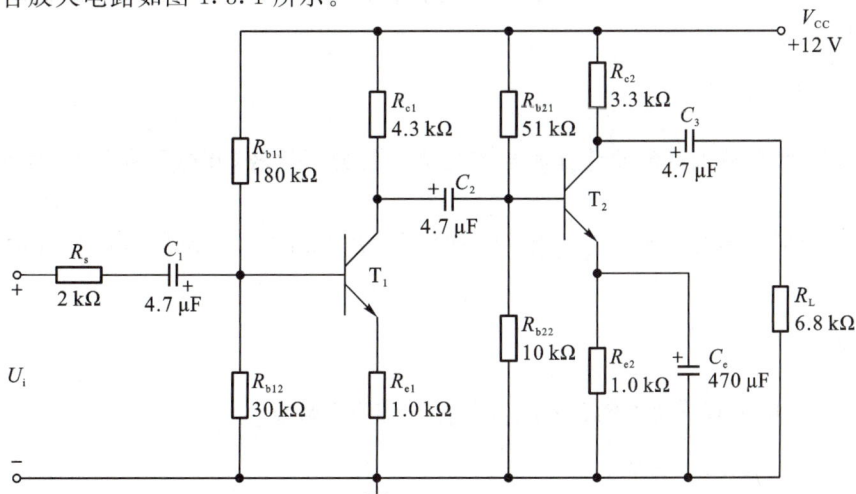

图 1.3.1　组合放大电路实验电路

在放大电路中，由于耦合电容和半导体管极间电容的影响，放大电路对不同频率分量信号的放大能力是不相同的。在输入信号频率较低或较高时，放大倍数的数值会下降，并且输出信号会产生相移。放大电路通常只适用于放大某一个特定频率范围的信号。放大器的电压放大倍数与频率的关系称为幅频特性。当放大倍数的数值下降为中频放大倍数的 0.707 倍时，对应的频率为下限截止频率 f_L 和上限截止频率 f_H。f_L 和 f_H 之间形成的频带称为通频带，$f_{BW} = f_H - f_L$。通频带越宽，表明放大电路对频率信号的适应能力越强。对于选频电路来说，则希望通频带尽可能窄，以减少信号干扰。需要注意的是，通频带中输出电压的大小会略有变化，但不影响截止频率的确定。

四、实验内容及步骤

1. 静态工作点测量

按图 1.3.1 连接电路，接入直流电源 V_{CC}（+12 V），测量并记录放大器的静态值，填写实验表格。

2. 电路中各放大器电压放大倍数的测量

在输入端加入正弦信号 $U_i \approx 10$ mV，$f = 1$ kHz，$R_L = 6.8$ kΩ 时，测试各级放大器的输出电压，计算其放大倍数，并将测得的数据填入实验表格中。

注意：在实验电路中，前级放大器的输出电压在耦合电容后面测量。

3. 放大器的幅频特性及通频带的测量

保持输入信号幅值不变，采用逐点法测量幅频特性。调节输入信号的频率，使输出电压逐步变小，用交流毫伏表测量不同频率下的输出电压，当输出电压等于原输出电压的 0.707 倍时，读取输入信号的频率数值，记为下限频率 f_L。然后将输入信号的频率逐步调大，当输出电压等于原输出电压的 0.707 倍时，读取输入信号的频率，记为上限频率 f_H。计算通频带宽 f_{BW}，将数据填入实验表格，并根据所测数据画出幅频特性曲线。

五、实验报告要求

(1)对放大器放大倍数的计算值与实测值进行分析比较(其电路参数与"实验二"中相同)。

(2)用双对数坐标纸画出"幅频特性曲线"，并求出上、下限频率，与理论估算值比较。

六、思考题

组合放大电路有哪几种耦合方法，其各有哪些优缺点？

实验名称：组合放大电路

学生姓名：　　　　　　班级：　　　　　　　学号：

实验日期：　　　　　　　　　　　　　　　成绩：

一、实验目的

二、实验原理

请在下方画出组合放大电路的电路图。

三、实验设备

四、实验记录

按照"实验内容及步骤"中的内容填写表 1.3.1 至表 1.3.3。

表 1.3.1　静态工作点测量

项目	V_{B1}	V_{E1}	V_{C1}	V_{BE1}	V_{CE1}	I_{C1}
实验值						
项目	V_{B2}	V_{E2}	V_{C2}	V_{BE2}	V_{CE2}	I_{C2}
实验值						

表 1.3.2　电路电压各放大倍数的测量

项目	U_s	U_i	U_{o1}	U_{o2}	A_{V1}	A_{V2}	A_V
实测值							

表 1.3.3　放大器的幅频特性及通频带的测量

f	f_L	10^2 kHz	2×10^2 kHz	3×10^2 kHz	10^3 kHz	10^4 kHz	3×10^4 kHz	10^5 kHz	f_H
U_o									
$A_V=U_o/U_i$									

$f_L=$　　　　　　　　　　　　　$f_H=$

请在下方用双对数坐标纸绘出"幅频特性曲线"。

五、思考题

教师签名：

实验四

负反馈放大电路

一、实验目的

(1)理解负反馈对放大电路性能的影响。

(2)掌握放大电路开环与闭环特性的测量方法。

(3)验证负反馈对放大器性能(放大倍数、幅频特性、输入电阻、输出电阻等)的影响。

(4)学会识别放大器中负反馈电路的类别。

二、实验仪器与器材

数字示波器、台式万用表、任意波发生器、模拟电路实验箱。

三、实验原理

负反馈在电子电路中有着非常广泛的应用,虽然它会使放大器的放大倍数降低,但能在多方面改善放大器的动态指标,如稳定放大器静态工作点,改变输入、输出电阻,减小非线性失真和展宽通频带等。因此,几乎所有的放大器都带有负反馈。

负反馈放大器有 4 种组态,即电压串联、电压并联、电流串联、电流并联。图 1.4.1 为带有负反馈的两级阻容耦合放大电路,在电路中通过 R_f 把输出电压 U_o 引回到输入端,加在晶体管的发射极上,在发射极电阻 R_{e1} 上形成反馈电压 U_f。根据反馈判断法可知,其为电压串联负反馈。负反馈的主要作用如下。

(1)负反馈降低了电压放大倍数。

$$A_F = \frac{A}{1 + A \cdot F} \tag{1.4.1}$$

式中,A_F——闭环放大倍数;

A——基本放大器(无反馈)的电压放大倍数,即开环电压放大倍数;

F——反馈系数;

$A \cdot F$——反馈深度，它的大小决定了负反馈对放大器性能改善的程度。

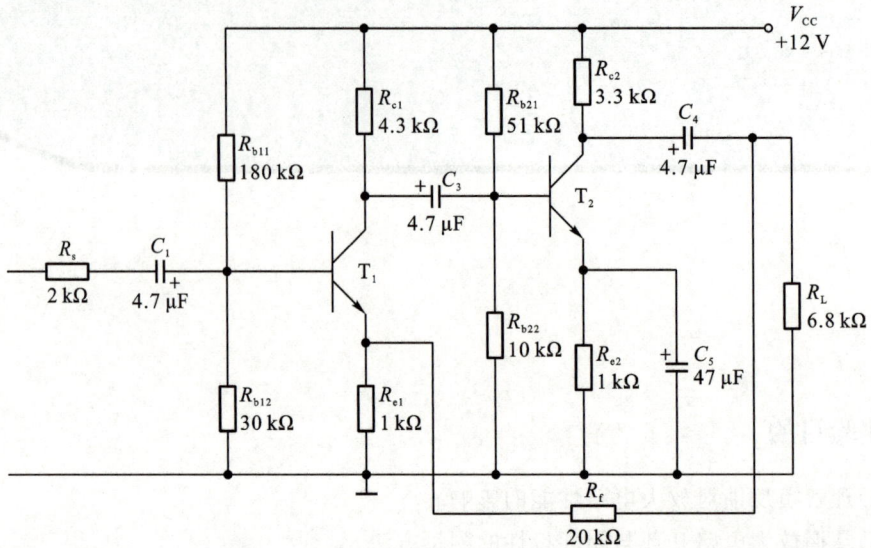

图 1.4.1　负反馈放大电路

（2）负反馈可提高放大倍数的稳定性。

（3）负反馈可扩展放大器的通频带。若 A_m 代表中频开环放大倍数，且增益表达式中只有一个主极点频率，则加入负反馈后，上限截止频率

$$f_{Hf} = f_H \cdot (1 + A_m \cdot F) \tag{1.4.2}$$

下限截止频率

$$f_{Lf} = \frac{f_L}{1 + A_m \cdot F} \tag{1.4.3}$$

加了负反馈后通频带扩展为原来的 $(1 + A_m \cdot F)$ 倍。

（4）负反馈对输入、输出阻抗有影响。一般而言，串联负反馈可以增大输入阻抗，并联负反馈可以减小输入阻抗；电压负反馈将减小输出阻抗，电流负反馈将增大输出阻抗。

（5）负反馈能减小反馈环内的非线性失真。放大电路的非线性失真是由于晶体管特性曲线的非线性部分使输出信号出现了谐波分量，引入负反馈可以使非线性失真系数减小，因而减小了非线性失真。

反馈系数

$$F_V = \frac{R_e}{R_f + R_e} \tag{1.4.4}$$

输入电阻

$$R_{if} = (1 + A_m F) R_i \tag{1.4.5}$$

输出电阻

$$R_{of} = \frac{R_o}{1 + A'_m F} \qquad (1.4.6)$$

式中，R_i——开环时输入电阻；

      R_o——开环时输出电阻；

      A_m——开环时放大器负载电阻 $R_L = 6.8\ k\Omega$ 时中频放大倍数；

      A'_m——开环时放大器负载电阻 $R_L = \infty$ 时中频放大倍数。

四、实验内容及步骤

1. 静态工作点测量

按图 1.4.1 连接电路，接入直流电源 V_{CC}（+12 V），测量并记录放大器的静态值，填写实验表格。

2. 组合放大电路的测试

（1）放大倍数测量。

在输入端加入正弦信号 $U_s \approx 10\ mV$，$f = 1\ kHz$，用示波器观察输出波形，在输出波形不失真的情况下，测量即时的输出电压，将测量数据记录并填入实验表格，计算负反馈放大器的开环放大倍数。

（2）放大电路的输入、输出电阻测量。

按照实验原理，根据测量的数据，计算其输入、输出电阻，并将结果填入实验表格。

$$R_i = \frac{U_i}{U_s - U_i} R_S \qquad (1.4.7)$$

$$R_o = \left(\frac{U_{o\infty}}{U_{oL}} - 1 \right) \cdot R_L \qquad (1.4.8)$$

式中，$U_{o\infty}$——负载开路时放大器输出电压；

      U_{oL}——负载为 6.8 kΩ 时放大器输出电压。

（3）幅频特性的测量。

按多级放大器实验中测量幅频特性的方法，保持 $U_s \approx 10\ mV$，$f = 1\ kHz$，$R_L = 6.8\ k\Omega$ 不变，测量幅频特性，并将数据填入实验表格。根据实验数据画出幅频特性图。

3. 放大电路加入负反馈(闭环)后的各项性能测量

（1）电路电压放大倍数测量。

接入反馈电阻 $R_f = 20\ k\Omega$，保持 $U_s \approx 10\ mV$，$f = 1\ kHz$，$R_L = 6.8\ k\Omega$ 不变，按测量基本放大器的方法，逐步测量，并将结果填入实验表格。

（2）测量放大器输入电阻 R_i 和 输出电阻 R_o，并将结果填入实验表格。

（3）测出上限频率 f_H 和下限频率 f_L，并将结果填入实验表格。

五、实验报告要求

(1)总结电压串联负反馈对放大电路性能的影响，包括输入电阻、输出电阻、放大倍数及通频带宽度。

(2)绘制幅频特性曲线(开环与闭环在同一坐标下)，并求出上限、下限频率，与理论估算值比较。

(3)将负反馈放大器增益的计算值与实验值进行比较，并讨论产生误差的原因。

六、思考题

负反馈电路对放大器哪些指标影响较大？

实验名称：负反馈放大电路

学生姓名：　　　　　班级：　　　　　　学号：

实验日期：　　　　　　　　　　　　　成绩：

一、实验目的

二、实验原理

请在下方画出负反馈放大电路的电路图。

三、实验设备

四、实验记录

按照"实验内容及步骤"中的内容填写表 1.4.1 至表 1.4.7。

表 1.4.1　静态工作点测量

项目	V_{B1}	V_{E1}	V_{C1}	V_{BE1}	V_{CE1}	I_{C1}
实验值						
项目	V_{B2}	V_{E2}	V_{C2}	V_{BE2}	V_{CE2}	I_{C2}
实验值						

表 1.4.2 电路电压放大倍数测量(开环)

R_L	U_s	U_i	U_o	A_V
6.8 kΩ				
∞				

表 1.4.3 放大电路的输入电阻、输出电阻测量(开环)

项目	U_s	U_i	R_i	U_{oL}	$U_{o\infty}$	R_o
测试值						

表 1.4.4 幅频特性的测量(开环)

f	f_L	10^2 Hz	2×10^2 Hz	3×10^2 Hz	10^3 Hz	10^4 Hz	3×10^4 Hz	10^5 Hz	f_H
U_o/U_{o2}									
$A_V=\dfrac{U_o}{U_i}$									

$f_L=$ $f_H=$

表 1.4.5 电路电压放大倍数测量(闭环)

R_L	U_s	U_i	U_o	A_{VF}
6.8 kΩ				
∞				

表 1.4.6 放大电路的输入电阻、输出电阻测量(闭环)

项目	U_s	U_i	R_{if}	U_{oL}	$U_{o\infty}$	R_{of}
测试值						

表 1.4.7 幅频特性的测量(闭环)

f	f_L	10 Hz	20 Hz	30 Hz	10^3 Hz	f_H
U_o						
$A_V=\dfrac{U_o}{U_i}$						

请在下方用双对数坐标纸绘出"幅频特性曲线"。

五、思考题

教师签名：

实验五

放大器的频率特性

一、实验目的

(1)测量放大器的频率特性。
(2)了解电路中各参数与低频信息及高频信息的关系。
(3)了解不同耦合电容对频率特性的影响。
(4)验证负反馈对频率特性的影响。

二、实验仪器与器材

数字示波器、台式万用表、任意波发生器、模拟电路实验箱。

三、实验原理

本实验电路如图 1.5.1 所示。

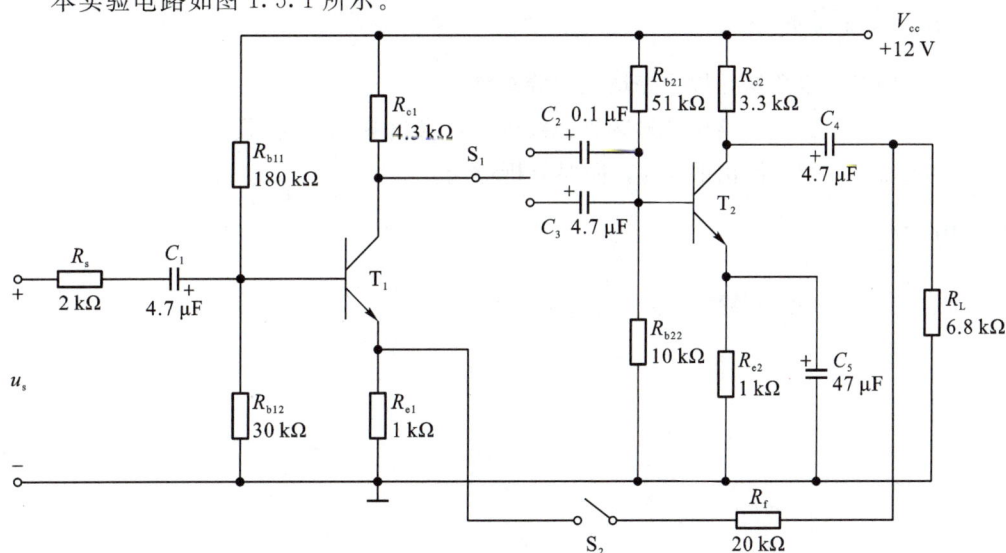

图 1.5.1　放大器的频率特性

本实验主要考察电路元件参数变化对放大器频率响应的影响。

在低频段，耦合电容 C_2、C_3 会使放大倍数随信号频率的降低而减小，并产生附加相移。但当耦合电容值在一定范围时，它们对放大倍数和相移的影响就不大。

在高频段，由于分布电容的存在及受晶体管截止频率 f_β 的限制，放大倍数随信号频率的升高而减小，并产生附加相移。

四、实验内容及步骤

1. 静态工作点测试

按图 1.5.1 连接电路，接入直流电源 V_{cc}（+12 V），测量并记录放大器的静态值，填入实验表格。

2. 各项参数对通频带的影响（$R_L = 6.8$ kΩ）

(1)输入端加入正弦信号 $U_s \approx 10$ mV，$f = 1$ kHz，测量其电压增益 A_V（中频增益），在耦合电容为 C_3 时，改变 u_i 的频率，使频率下降，找出输出电压的峰峰值为 0.707 倍的中频区输出电压峰峰值时的频率，即为 f_L。再向高频方向改变频率，用同样方法可找到放大器的上限频率 f_H。用逐点法测出通频带宽度并填入实验表格。

(2)将耦合电容换为 C_2，重新测出通频带宽度，填入实验表格。

(3)将耦合电容换为 C_3，并将负反馈电阻 R_f 接入电路后重新测出通频带宽度，填入实验表格。

(4)将耦合电容换为 C_2，并将负反馈电阻 R_f 接入电路后重新测出通频带，填入实验表格。

五、实验报告要求

(1)整理各测量数据并按顺序填入实验表格。

(2)在同一坐标纸上绘出各通频带曲线图，并求出各 f_H、f_L 及 f_{BW}。

(3)比较各参数下测出的 f_{BW}，简要分析讨论。

六、思考题

耦合电容的大小对频率特性有什么影响？

实验名称：放大器的频率特性

学生姓名：　　　　　　班级：　　　　　　　　学号：

实验日期：　　　　　　　　　　　　　　　　成绩：

一、实验目的

二、实验原理

请在下方画出电路图。

三、实验设备

四、实验记录

按照"实验内容及步骤"中的内容填写表 1.5.1 至表 1.5.5。

表 1.5.1　静态工作点测试

项目	U_{B1}	U_{E1}	U_{C1}	U_{BE1}	U_{CE1}	I_{C1}
实验值						
项目	U_{B2}	U_{E2}	U_{C2}	U_{BE2}	U_{CE2}	I_{C2}
实验值						

表 1.5.2　耦合电容为 C_3 时各项参数对通频带的影响

f	f_L	10^2 Hz	2×10^2 Hz	3×10^2 Hz	10^3 Hz	10^4 Hz	3×10^4 Hz	10^5 Hz	f_H
U_o									
$A_V=\dfrac{U_o}{U_i}$									

$f_L=$　　　　　　　　　　$f_H=$

表 1.5.3　耦合电容为 C_2 时各项参数对通频带的影响

f	f_L	10^2 Hz	2×10^2 Hz	3×10^2 Hz	10^3 Hz	10^4 Hz	3×10^4 /Hz	10^5 Hz	f_H
U_o									
$A_V=\dfrac{U_o}{U_i}$									

$f_L=$　　　　　　　　　　$f_H=$

表 1.5.4　耦合电容为 C_3 并接入负反馈电阻 R_f 时各项参数对通频带的影响

f	f_L	10^2 Hz	2×10^2 Hz	3×10^2 Hz	10^3 Hz	10^4 Hz	3×10^4 Hz	10^5 Hz	f_H
U_o									
$A_V=\dfrac{U_o}{U_i}$									

$f_L=$　　　　　　　　　　$f_H=$

表 1.5.5　耦合电容为 C_2 并接入负反馈电阻 R_f 时各项参数对通频带的影响

f	f_L	10^2 Hz	2×10^2 Hz	3×10^2 Hz	10^3 Hz	10^4 Hz	3×10^4 Hz	10^5 Hz	f_H
U_o									
$A_V=\dfrac{U_o}{U_i}$									

$f_L=$　　　　　　　　　　$f_H=$

请在下方用双对数坐标纸绘出每个通频带的幅频特性曲线。

五、思考题

教师签名：

实验六

集成运算放大器的线性应用

第一个以集成电路单一芯片形式制成的运算放大器是 1963 年仙童半导体公司的鲍勃·威德拉设计的 μA702，1965 年仙童半导体公司推出 μA709；1968 年仙童半导体公司推出的 μA741 迄今为止仍然在生产使用，它是有史以来最成功的运算放大器之一。

一、实验目的

(1)了解由集成运算放大器组成的反相、同相、加法、减法等运算电路。

(2)掌握集成运算放大器的正确使用方法。

(3)掌握由集成运算放大器构成的各种运算电路的原理和测试方法。

二、实验仪器与器材

数字示波器、台式万用表、任意波发生器、模拟电路实验箱。

三、实验原理

集成运算放大器是人们对"理想放大器"的一种实现。一般在分析集成运算放大器的实用性能时，为了方便，通常认为运算放大器是理想的，即：

(1)开环电压增益 $A_{Vo} = \infty$；

(2)差模、共模输入电阻 $R_{id} = \infty$，$R_{ic} = \infty$；

(3)输出电阻 $R_o = 0$；

(4)开环带宽 $f_{BW} = \infty$；

(5)共模抑制比 $K_{CMR} = \infty$；

(6)失调电压、失调电流 $U_{io} = 0$，$I_{io} = 0$。

理想运算放大器在线性应用时的两个重要特性：

(1)输出电压 U_o 满足关系式：

$$U_o = A_{Vo}(U_+ - U_-)$$

由于 $A_{\mathrm{Vo}}=\infty$，而 U_o 为有限值，因此，$U_+ - U_- \approx 0$，即 $U_+ \approx U_-$，称为"虚短"。

（2）由于 $R_i = \infty$，故流进运算放大器两个输入端的电流可视为零，即 $I_{io} = 0$，称为"虚断"。这说明运算放大器对其前级吸取电流极小。

上述两个特性是分析理想运算放大器应用电路的基本原则，可简化运算放大器电路的计算。

由于集成运算放大器有两个输入端，因此按输入端接入方式的不同，可分为三种基本放大组态，即反相放大器、同相放大器和差动放大器，它们是构成集成运算放大器系统的基本单元。

LM324 四路运算放大器如图 1.6.1 所示。

图 1.6.1　LM324 四路运算放大器

四、实验内容及步骤

1. 反相放大器

反相放大电路如图 1.6.2 所示。

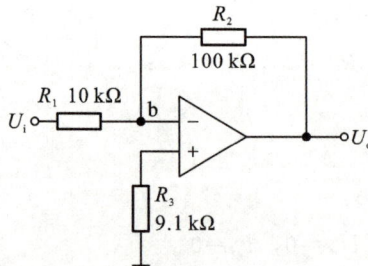

图 1.6.2　反相放大电路

加入 ± 12 V 的直流电源，按图连接好实验电路，在反相端加入直流信号，测量并

记录 b 点输入电压和输出电压，计算电压放大倍数(A_f)。设组件为理想元件，则输入电阻

$$R_{if} \approx R_{fl} \tag{1.6.1}$$

放大倍数：

$$A_f = \frac{U_o}{U_i} = -\frac{R_2}{R_1} \tag{1.6.2}$$

2. 同相放大器

同相放大电路如图 1.6.3 所示，若组件为理想元件，则

$$A_f = 1 + \left(\frac{R_2}{R_1}\right) \tag{1.6.3}$$

按图连接好电路，在同相端加入直流信号，测出 b_1、b_2 点输入电压和输出电压，计算电压放大倍数。

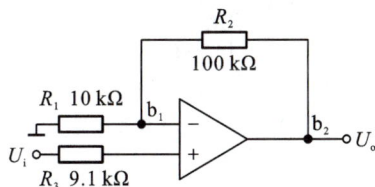

图 1.6.3　同相放大电路

3. 减法器(差动放大器)

减法运算电路如图 1.6.4 所示，如果 $R_1 = R_3$，$R_2 = R_4$，其组件均为理想元件，则

$$U_o = \left(\frac{R_2}{R_1}\right) \cdot (U_b - U_a) \tag{1.6.5}$$

$$A_f = \frac{R_2}{R_1} \tag{1.6.6}$$

即输出电压正比于两个输入信号之差。

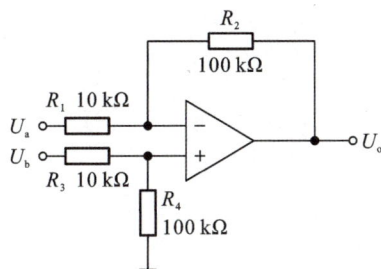

图 1.6.4　减法运算电路

按图 1.6.4 连接电路，在两个输入端加入直流信号，测量其输出电压并计算放大倍数，填写实验表格。

4. 加法器(反相端加法器)

加法运算电路如图 1.6.5 所示。由于"虚地"，$I_- \approx 0$，因此，

$$V_o = -\left(\frac{R_3}{R_1}U_a + \frac{R_3}{R_2}U_b\right) \tag{1.6.7}$$

$$R_4 = \frac{R_1 R_2 R_3}{R_1 R_2 + R_1 R_3 + R_2 R_3} \tag{1.6.8}$$

按图 1.6.5 连接电路，在两个输入端加入直流信号，测量输出电压值，计算放大器放大倍数，填写实验表格。

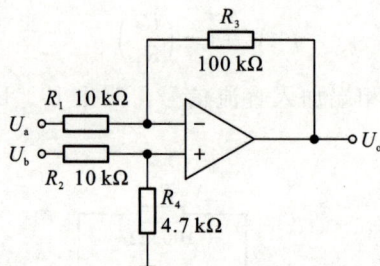

图 1.6.5 加法运算电路

五、实验报告要求

(1)将理论值与实测数据进行比较，说明误差原因。

(2)根据实测的结果，在同一坐标纸上绘出同相、反相放大器的 U_i-U_o 关系曲线，与计算值比较。

六、思考题

(1)放大器的放大倍数与电路中的哪些参数有关?

(2)在减法器中，当 U_i 和 U_o 相同时，其放大倍数为多少，为什么?

实验名称：集成运算放大器的线性应用

学生姓名：　　　　　班级：　　　　　学号：

实验日期：　　　　　　　　　　　　　成绩：

一、实验目的

二、实验原理

请在下方画出集成电路管脚图。

三、实验设备

四、实验记录

按照"实验内容及步骤"中的内容填写表 1.6.1 至表 1.6.4。

表 1.6.1　反相放大器

项目	50 mV	100 mV	200 mV	500 mV
U_b				
U_o(实测值)				
A_f				
U_o(理论值)				

表 1.6.2　同相放大器

项目	50 mV	100 mV	200 mV	500 mV
U_{b1}				
U_{b2}				
U_o(实测值)				
A_f				
U_o(理论值)				

表 1.6.3　减法器(差动放大器)

U_A	20 mV	50 mV	100 mV	200 mV
U_b	50 mV	100 mV	200 mV	500 mV
U_b-U_a				
U_o(实测值)				
A_f				
U_o(理论值)				

表 1.6.4　加法器(反相端加法器)

U_a	25 mV	25 mV	50 mV	100 mV
U_b	25 mV	50 mV	100 mV	200 mV
U_a+U_b				
U_o(实测值)				
A_f				
U_o(理论值)				

五、思考题

教师签名：

实验七

集成运算放大器的非线性应用

一、实验目的

(1)掌握集成运算放大器的非线性应用。

(2)学习用集成运算放大器实现二阶有源低通滤波器的方法。

(3)学习用集成运算放大器实现二阶有源高通滤波器的方法。

二、实验仪器与器材

数字示波器、台式万用表、任意波发生器、模拟电路实验箱。

三、实验原理

滤波器是一种能使有用频率信号通过,同时对无用频率信号进行抑制或衰减的电子装置。在工程领域,滤波器常被用在信号的处理、数据的传送和干扰的抑制等方面。滤波器根据组成元件,可分为有源滤波器和无源滤波器两大类。

滤波器按照所允许通过信号的频率范围可分为低通滤波器、高通滤波器、带通滤波器、带阻滤波器等。其中,低通滤波器只允许低于某一频率的信号通过,而不允许高于该频率的信号通过。而高通滤波器与之相反,只允许高于某一频率的信号通过,而不允许低于该频率的信号通过。

二阶滤波器相较于一阶滤波器,具有更好的滤波效果。在二阶滤波电路中,在一阶滤波器的基础上增加了一级 RC 电路,第一级的电容 C_1 不接地而是改接输出端,这种接法引入了一个反馈,从而改善了滤波特性。

滤波器输入信号为 f_0 时,通带电压放大倍数(A_{up})为

$$A_{up} = 1 + \frac{R_f}{R_1} \qquad (1.7.1)$$

当滤波器输入信号频率 $f = f_0$ 时,电压放大倍数与通带电压放大倍数之比为

$$\frac{A_u}{A_{up}} = \frac{1}{3 - A_{up}} \tag{1.7.2}$$

滤波器特征频率为

$$f_0 = \frac{1}{2}\pi RC \tag{1.7.3}$$

四、实验内容及步骤

1. 低通滤波器

图 1.7.1 为二阶 RC 低通滤波器测试电路。按图连接电路，将幅值为 5 V 的正弦波接入 U_i，改变 U_i 的频率，用示波器观察波形并完成实验表格。绘制 U_o 随频率变化的幅频特性曲线。

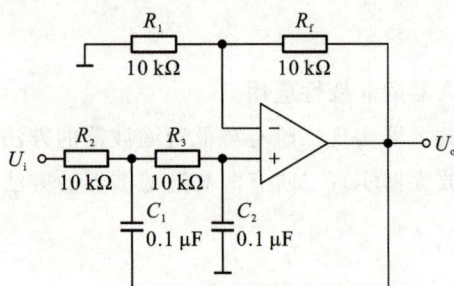

图 1.7.1 二阶 RC 低通滤波器测试电路

2. 高通滤波器

图 1.7.2 为二阶 RC 高通滤波器测试电路。按图连接电路，将幅值为 5 V 的正弦波接入 U_i，改变 U_i 的频率，用示波器观察波形并完成实验表格。绘制 U_o 随频率变化的幅频特性图。

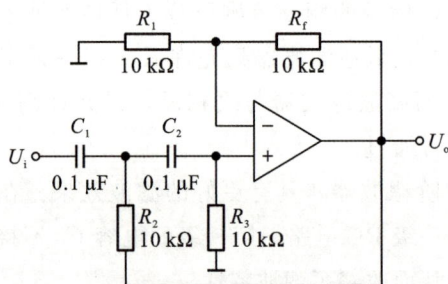

图 1.7.2 二阶 RC 高通滤波器测试电路

五、实验报告要求

(1)根据实验结果，画出低通滤波器的输入与输出波形的相位关系。

(2)根据实验结果，画出高通滤波器的输入与输出波形的相位关系。

六、思考题

(1)影响低通滤波器截止频率的因素有哪些？

(2)影响低通滤波器电压放大倍数的因素有哪些？

实验名称：集成运算放大器的非线性应用

学生姓名：　　　　　　班级：　　　　　　　学号：

实验日期：　　　　　　　　　　　　　成绩：

一、实验目的

二、实验原理

三、实验设备

四、实验记录

1. 低通滤波器

表 1.7.1　低通滤波器幅频特性 $(U_i = 5\ \text{V})$

f/Hz										
U_o/V										

将 U_o 随 f 变化的幅频特性图绘制在下方。

2. 高通滤波器

表 1.7.2 高通滤波器幅频特性图($U_i=5$ V)

f/Hz									
U_o/V									

将 U_o 随 f 变化的幅频特性图绘制在下方。

五、思考题

教师签名：

场效应管放大电路

一、实验目的

(1)了解场效应管共源极放大器的性能特点。

(2)掌握结型场效应管(JFET)共源放大电路结构及参数测试方法。

(3)了解场效应管源极输出器与晶体管射极输出器的区别。

(4)了解分压-自偏压共源极放大电路的特点及其与晶体管射极偏置放大电路的区别。

二、实验仪器与器材

数字示波器、台式万用表、任意波发生器、模拟电路实验箱。

三、实验原理

场效应管是一种电压控制型器件，按结构可分为结型场效应管和金属-氧化物-半导体场效应管两种类型。由于场效应管栅源之间处于绝缘或反向偏置状态，所以输入电阻很高(一般可达上百兆欧)，又由于场效应管是一种多数载流子控制器件，因此热稳定性好、抗辐射能力强、噪声系数小，加之制造工艺较简单，便于大规模集成，因此得到越来越广泛的应用。场效应管共源极放大器具有以下特点：输入阻抗高、电压放大倍数较小。

由于栅极电流 I_G 近似为零，所以栅极电阻 R_G 上的压降近似为零，栅极 G 与地同电位，即 $U_G=0$。对结型场效应管来说，即使栅极与源极间电压 $U_{GS}=0$ V，也存在漏极电流 I_D，因此在没有外加栅极电源的情况下，仍然有静态电流 I_{DQ} 流经源极电阻 R_S，在源极电阻 R_S 上产生压降 $U_S(U_S=I_{DQ} \cdot R_S)$，使源极电位为正，从而在栅极与源极间形成一个负偏置电压：

$$U_{GSQ}=U_{GQ}-U_{SQ}=-I_{DQ} \cdot R_S \qquad (1.8.1)$$

1. 实验电路

实验电路如图 1.8.1 所示。

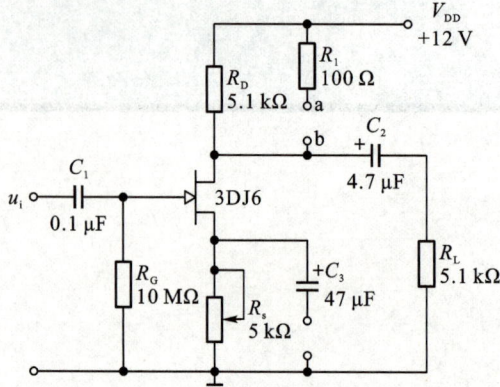

图 1.8.1　场效应管放大电路

2. 结型场效应管(JFET)的特点

　　N 沟道结型场效应管工作时，需在栅极与源极间加一负电压($U_{GS}<0$)使栅极沟道间的 PN 结反偏。当 U_{GS} 由零向负值变化时，在反偏电压 U_{GS} 的作用下，两个 PN 结的耗尽层将加宽，导致电沟道变窄，沟道电阻增大。当 $|U_{GS}|$ 进一步增大到某一定值 $|U_P|$ 时，两侧耗尽层将在中间合拢，将沟道全部夹断，此时漏源极间的电阻将趋于无穷大，相应的栅源电压称为夹断电压 U_P。

3. 转移特性曲线

　　转移特性曲线是场效应管工作在饱和区，当 U_{DS} 为常数时，I_D 与 U_{GS} 的关系曲线，如图 1.8.2 所示。当 $U_{GS}=0$ V 时，I_D 称为饱和漏极电流 I_{DSS}。当 $I_D=0$ 时，$U_{GS}=U_P$ 称为夹断电压。

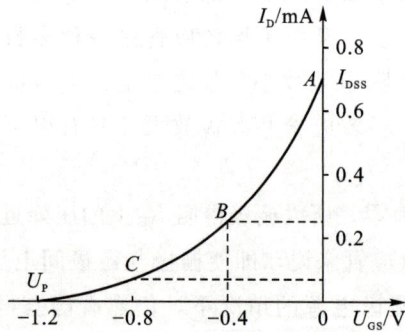

图 1.8.2　转移特性曲线

　　转移特性曲线可用下式表示：

$$I_D = I_{DSS}\left(1 - \frac{U_{GS}}{U_P}\right)^2 \qquad (0 \geqslant U_{GS} \geqslant U_P \text{ 时}) \tag{1.8.2}$$

此外，跨导 g_m 用来衡量场效应管栅源电压对漏极电流的控制能力：

$$g_m = \frac{\Delta I_D}{\Delta U_{GS}} \tag{1.8.3}$$

4. N 沟道结型场效应晶体管共源放大电路

N 沟道结型场效应晶体管共源放大电路的静态工作点可由下式来确定。

$$U_{GS} = -I_D R_S \tag{1.8.4}$$

$$I_D = I_{DSS}\left(1 - \frac{U_{GS}}{U_P}\right)^2 \tag{1.8.5}$$

电压增益： $\qquad A_{VM} = \frac{-g_m R'_L}{1 + g_m R_S}$ （源极旁路电容 C_3 未接入） $\tag{1.8.6}$

或 $\qquad A_{VM} = -g_m R'_L$ （源极旁路电容 C_3 接入） $\tag{1.8.7}$

$$R'_L = \frac{R_D \cdot R_L}{R_D + R_L} \tag{1.8.8}$$

四、实验内容及步骤

1. 测量漏极饱和电流

按图 1.8.1 连接电路，接入直流电源 V_{DD}（＋12 V）。将源极 S 接地，保持漏极 D 和源极 S 之间的电压不变，当 $U_{GS} = 0$ V 时（即 G、S 短接），测量漏极的电流 I_D，此时所测电流即为漏极饱和电流 I_{DSS}，在实验表格中记录该值。

2. 测量夹断电压并绘出转移特性曲线

断开栅极 G 与源极 S 之间的短接线，在栅极 G 与源极 S 间加入直流负电压。从 $U_{GS} = 0$ V 开始，按照表 1.8.2 所示数据逐点测出 U_{GS} 在不同数值时 I_D 的值，直至 I_D 为零，将测得数据记录于实验表格中，并根据所测数据画出其转移特性。此时的 U_{GS} 即夹断电压 U_P。

需要注意的是：

(1)在测量 I_D 时，将万用表设置在直流电流 200 mA 挡，并将其串联在电路中，红表笔连接 a 点，黑表笔连接 b 点。

(2)在测量 I_D 时，也可测量 R_D 上的电压，计算其电流。

(3)所谓加入直流负电压，就是将直流电源"＋"端接在源极 S 端，将"－"端接在栅极 G 端。

3. 结型场效应晶体管共源放大器

1)测量静态工作点

接通电源 U_{DD}（＋12 V），输入端对地短接，调节 R_S，使 $U_{DS} \approx 6$ V，测出此时的

U_G、U_S、U_D 和 I_D 的值并记录。

2)测量场效应放大电路的电压增益

去掉输入短接线,在输入端加入 $f = 1\ kHz$,$U_i = 300\ mV$ 的正弦信号,当源极旁路电容 C_3 断开和连接时,分别测出 $R_L = 5.1\ k\Omega$ 和 $R_L = \infty$ 时的输出电压 U_o,记录下来,并计算相应的 A_v。

五、实验报告要求

(1)根据测量数据,绘出 N 沟道结型场效应管的转移特性曲线。

(2)讨论 R_S 的改变对静态工作点的影响。

(3)将实验则得的 A_V 值,与计算值比较,分析其误差原因。

六、思考题

(1)R_S 的变化对静态工作点有何影响?

(2)当 R_D 和 R_1 并联时,电压增益如何变化?

实验名称：场效应管放大电路

学生姓名： 班级： 学号：

实验日期： 成绩：

一、实验目的

二、实验原理

三、实验设备

四、实验记录

1. 测量漏极饱和电流

表 1.8.1 测量漏极饱和电流

U_{GS}	I_D	I_{DSS}

2. 测量夹断电压并作出转移特性曲线

表 1.8.2 测量夹断电压

U_{GS}	0				
I_D					0

3. 结型场效应管共源放大器

1)测量静态工作点

表 1.8.3   静态工作点测量

U_{DS}	U_G	U_D	U_S	I_D

2)测量场效应放大电路的电压增益

表 1.8.4   场效应放大电路的电压增益

R_L	C_3	U_i	U_o	A_V
5.1 kΩ	断开			
5.1 kΩ	连接			
∞	断开			
∞	连接			

五、思考题

教师签名:

互补对称功率放大电路

一、实验目的

(1)了解互补对称功率放大器的调试方法。

(2)测量互补对称功率放大器的最大输出功率及效率。

(3)了解自举电路原理及其对改善互补对称功率放大器的性能所起的作用。

二、实验仪器与器材

数字示波器、台式万用表、任意波发生器、模拟电路实验箱。

三、实验原理

图 1.9.1 所示为甲乙类推挽式无输出变压器功率放大电路(OTL 电路)。

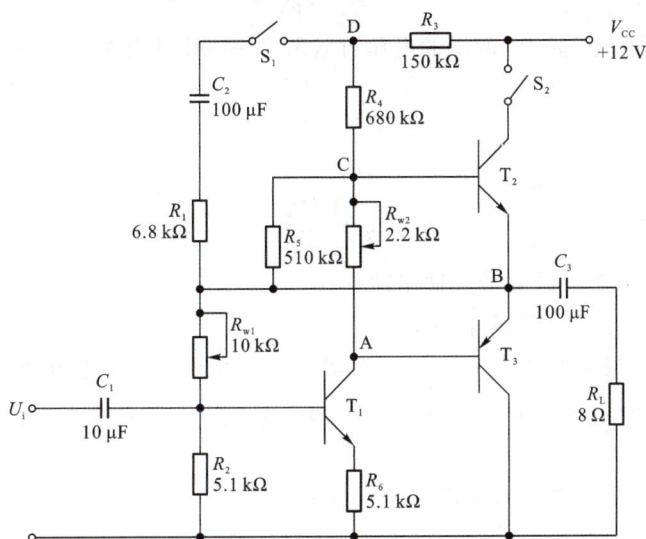

图 1.9.1　甲乙类推挽式无输出变压器功率放大电路

低频功率放大器，由晶体三极管 T_1 组成推动级，T_2、T_3 是一对参数相同的 NPN 型晶体三极管，它们组成互补推挽 OTL 功率放大电路。由于每一个管子都接成射极输出器形式，因此具有输出电阻低、负载能力强等优点，适合作功率输出级。

设输入电压 $U_i = U_i \sin\omega t$，当 $0 \leqslant \omega t \leqslant \pi$ 时，输入电压的正半波经 T_1 反向加到 T_2 和 T_3 的基极，使 T_2 截止，T_3 导通，从而在负载电阻 R_L 上形成输出电压 U_o 的负半波；当 $0 \leqslant \omega t \leqslant \pi$ 时输入电压的负载波经过 T_1 反向后使 T_3 管截止，T_2 管导通，从而在负载电阻上形成输出电压 U_o 的正半波。当输入电压周而复始变化时，T_2 与 T_3 交替工作，使负载电阻 R_L 上得到完整的正弦波。并且在电路中引入了滑动变阻器 R_{W2} 和 R_5 并联支路，通过调节 R_{W1} 的大小为 T_2、T_3 提供微小的直流偏量，以消除交越失真。

上述功率放大器在理想情况下，输出电压降 $U_{omax} = \dfrac{V_{CC}}{2}$，实际上达不到这个数值。因此实际的互补对称功率放大电路采用自举电路以提高输出幅度。

自举电路由电阻 R_3 和电容 C_2 组成。在静态时，C_2 两端的电压 $U_{C_2} = \dfrac{V_{CC}}{2} - U_{R_3} \approx \dfrac{V_{CC}}{2}$。若时间常数 R_3 和电容 C_2 足够大，可认为 U_{C_2} 不随输入信号变化而变化，这样一来，当输入信号为负半波时，T_2 导通，U_B 由 $\dfrac{V_{CC}}{2}$ 向正方向变化时，D 点电位随之升高，从而能给 T_2 提供足够的基极电流，使功率放大的输出电压幅度增加。

OTL 电路有以下 3 个主要性能指标。

1）最大不失真输出功率 P_{om}

理想情况下：
$$P_{om} = \frac{V_{CC}^2}{8R_L} \tag{1.9.1}$$

在实验中可通过测量 R_L 两端的电压有效值，来求得实际的 P_{om}。
$$P_{om} = \frac{U_o^2}{R_L} \tag{1.9.2}$$

2）效率 η_m
$$\eta_m = \frac{P_{om}}{P_E} \tag{1.9.3}$$

式中，P_{om}——功率放大器的最大输出功率；

P_E——直流电源供给的平均功率。

理想情况下，最大效率为 78.5%。在实验中，可通过测量电源供给的平均电流 I，依据公式 $P_E = V_{CC}I$，求出 P_E。负载上的交流功率也用上述方法求出，进而可以计算出实际效率。

3）在理想状态下，直流电源供给的平均功率 P_E
$$P_E = \frac{4}{\pi} P_{om} \tag{1.9.4}$$

四、实验内容及步骤

(1)按图 1.9.1 连接电路,接入直流电源 V_{CC}(12 V),调节 R_{w1},使 $U_B = \dfrac{V_{CC}}{2}$。

(2)从输入端加入 $U_i = 30$ mV,$f = 1$ kHz 的正弦信号,用示波器观察其输入波形,在不失真的情况,测量其输出电压 U_o。计算放大器的输出功率,并将结果填入实验表格。

(3)断开开关 S_2,将万用表串联在电路中(直流电流挡 200 mA),测量电源电流,计算出电源供给的功率 P_E 和放大器的效率 η_m,并将结果填入实验表格。

(4)闭合开关 S_1,加入自举电路,测量其放大器的输出电压 U_{om} 和电源电流,计算放大器的输出功率 P_{om} 和效率 η_m,并将结果填入实验表格。

(5)调节 R_{w1},用示波器观察放大器的交越失真,并画出其波形。

五、实验报告要求

(1)整理实验数据,并对有关结果进行分析。

(2)画出放大器的交越失真波形。

六、思考题

(1)实验中所测得的 OTL 电路效率比理论值 78.5% 小,试分析这是由哪几个方面的因素造成的,应如何提高 OTL 电路的效率?

(2)交越失真是由什么造成的,应如何消除?

实验名称：互补对称功率放大电路

学生姓名：　　　　　　班级：　　　　　　学号：

实验日期：　　　　　　　　　　　　　成绩：

一、实验目的

二、实验原理

三、实验设备

四、实验记录

将实验结果写在表 1.9.1 至表 1.9.3 中，将波形图画在方框中。

表 1.9.1　放大器输出功率 P_{om}

U_i	U_o	P_{om}

表 1.9.2　输出功率和效果

V_{CC}	I	P_{oE}	η_m

表 1.9.3　加入自举电路后的输出功率和效果

U_i	U_{om}	P_{om}	V_{CC}	I	P_E	η_m

五、思考题

教师签名：

实验十

集成功率放大器

20 世纪 70 年代，功率半导体器件主要以金属氧化物半导体场效应管（MOSFET）和双极型晶体管（BJT）为主。功率半导体器件经过多个阶段的发展演进，从最早的晶闸管到如今的碳化硅功率器件、氮化镓功率器件等，其性能和可靠性不断提升。

一、实验目的

(1)熟悉集成功率放大器的特点。

(2)掌握集成功率放大器的主要性能指标及测量方法。

二、实验仪器与器材

数字示波器、台式万用表、任意波发生器、模拟电路实验箱。

三、实验原理

LM386 是一种音频集成功率放大器，广泛应用于录音机和收音机中。它具有功耗低、电源电压适用范围广、外接元件少、总谐波失真小等优点。其内部结构图如图 1.10.1 所示，该电路为三级放大电路。

LM386 引脚图如图 1.10.2 所示，引脚 2 为反向输入端，引脚 3 为同向输入端，引脚 6 接电源，引脚 4 接地，引脚 5 为输出端，需外接输出电容后再接负载。引脚 7 和地之间需接入旁路电容，通常取值 10 μF。

1. 最大输出功率 P_{om}

输出电压达到最大且不失真时，最大输出功率 P_{om}：

$$P_{om} = \frac{U_{om}^2}{2R_L} \tag{1.10.1}$$

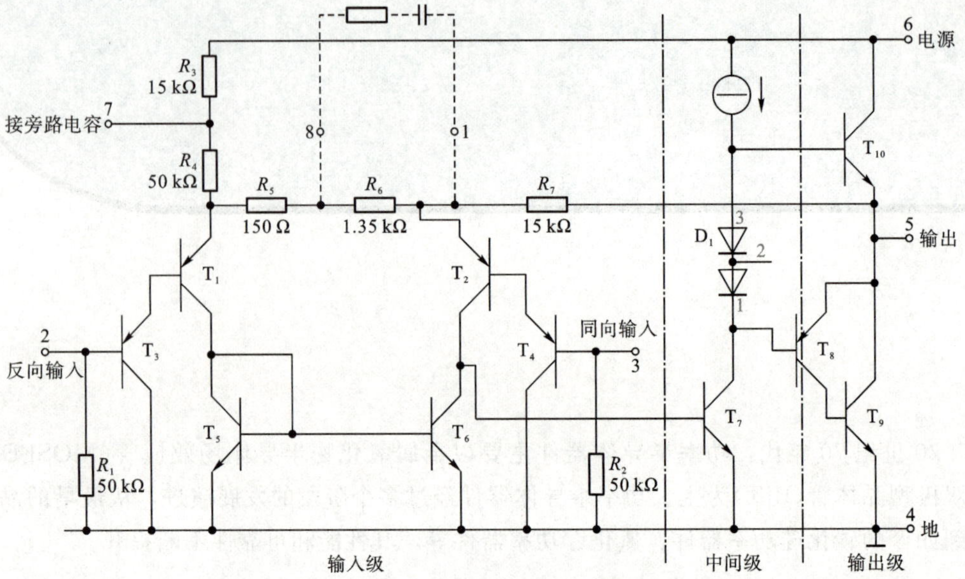

图 1.10.1　内部结构图

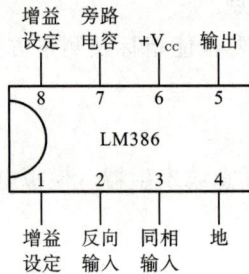

图1.10.2　LM386 引脚图

2. 直流电源供电功率 P_V

直流电源供电功率 P_V：

$$P_V = V_{CC} I_{dc} \tag{1.10.2}$$

式中，V_{CC}——此电路的供电电压；

　　　I_{dc}——直流电源供给的平均电流。

3. 效率 η 的测量

电路效率 η 的计算公式为

$$\eta = \frac{P_{om}}{P_V} \tag{1.10.3}$$

四、实验内容及步骤

本实验为集成运算放大器 LM386 的基本应用实验，电路原理图如图 1.10.3 所示。按照此图连接电路。

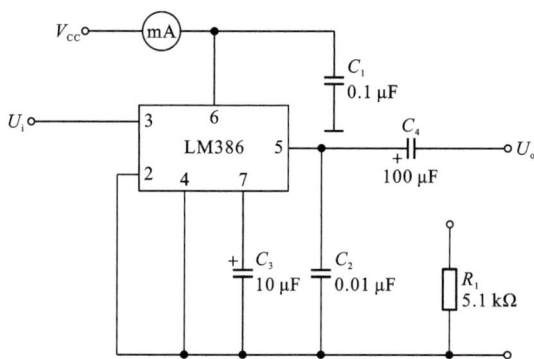

图 1.10.3　集成功率放大电路

将恒压源调到＋10 V，然后接到 V_{cc} 端，电流表暂时先不接入电路。

(1) P_{om}：将频率 $f=1$ kHz、幅值较小的正弦波信号接到功率放大电路的输入端 U_i，在 U_o 接入负载。用示波器观察输出端 U_o 的波形，逐渐增大输入信号幅值使输出电压达到最大且恰好不失真，测量此时负载上的电压值 U_{om}（最大不失真时的峰值），并且计算最大输出功率 P_{om}。

(2) P_V：在最大不失真输出的情况下，读出的电流表电流值即为 I_{dc}，并计算 P_V。

(3) 计算 η。

(4) 在电路中接入 5.1 kΩ 负载，测量并完成实验表格。

(5) 将负载换成喇叭，保证输出不失真，用正弦波模拟音频信号，对比正弦波信号被功率放大器放大前后对喇叭的驱动能力。

五、实验报告要求

(1) 测试并记录各数据与测试波形。

(2) 根据实验数据计算出 η，与计算值比较，若有偏差，分析其原因。

六、思考题

实验中为什么严格禁止集成功率放大器的输出端与地短接？

实验名称：集成功率放大器

学生姓名：　　　　　班级：　　　　　学号：

实验日期：　　　　　　　　　　　　成绩：

一、实验目的

二、实验原理

三、实验仪器

四、实验记录

（1）在电路中接入 5.1 kΩ 负载，进行测量。

表 1.10.1　电路效率测量

R_L	U_{om}	P_{om}	P_V	η
5.1 kΩ				

（2）对比喇叭的驱动能力。

五、思考题

教师签名：

第二部分

模拟电子技术综合
设计性实验

课程设计一
直流稳压电源和 RC 正弦波振荡器的设计

一、实验目的

(1)运用 Multisim 设计 RC 正弦波振荡器。

(2)运用 Multisim 设计直流稳压电源。

(3)用变压器、整流二极管、滤波电容及三端集成稳压器来设计直流稳压电源。

(4)掌握桥式整流电路的原理，了解滤波电容对直流电压波形的影响。

(5)掌握直流稳压电路的调试方法及主要技术指标的测试方法。

(6)选择合适的电阻和电容，设计 RC 桥式正弦波振荡器。

(7)掌握 RC 正弦波振荡器及选频放大器的工作原理。

二、设计任务

1. 直流稳压电源的主要技术指标

(1)同时输出 ±12 V 电压，输出电流为 2 A。

(2)输出纹波电压小于 5 mV，稳压系数小于 5×10^{-3}，输出内阻小于 0.1 Ω。

(3)增设输出保护电路，限定最大输出电流不超过 2 A。

2. RC 桥式正弦波振荡器的主要技术指标

(1)要求输出不失真的正弦波。

(2)正弦波频率要求在 10 kHz 左右。

(3)正弦波幅度要求达到 1 V 以上。

三、实验原理

1. 直流稳压电源的基本原理

直流稳压电源一般由电源变压器、整流滤波电路及稳压电路所组成，组成框图见图 2.1.1。

图 2.1.1　直流稳压电源基本组成框图

具体内容如下：

1）电源变压器

电源变压器的作用是将 220 V 的交流电压变换成整流滤波电路所需要的交流电压 U_i，变压器副边与原边的功率比为 η，又称为变压器的效率。

2）整流滤波电路

整流电路将交流电压 U_i 变换成脉动的直流电压。再经滤波电路滤除纹波，输出直流电压 U_o。

常用的整流滤波电路有全波整流电容滤波电路、桥式整流电容滤波电路、二倍压整流滤波电路，电路图如图 2.1.2 所示。

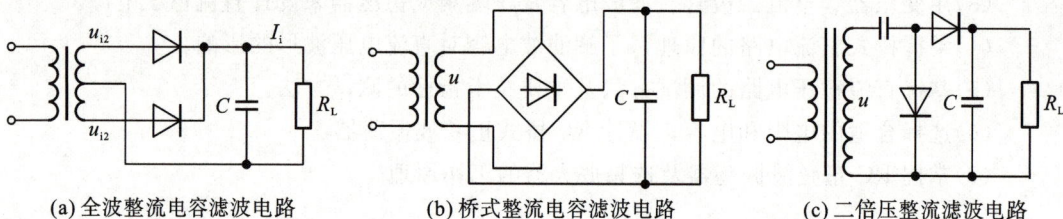

(a)全波整流电容滤波电路　　(b)桥式整流电容滤波电路　　(c)二倍压整流滤波电路

图 2.1.2　几种常见整流滤波电路

各滤波电容 C 满足：

$$R_{L1} \cdot C = (3-5)\frac{T}{2} \qquad (2.1.1)$$

式中，T——输入交流信号周期；

R_{L1}——整流滤波电路的等效负载电阻。

3）固定三端集成稳压器

正压系列：78XX 系列，该系列稳压块有过流、过热，以及调整管安全工作区保护功能，能防止因过载而损坏。一般不需要外接元件即可工作，有时为改善性能也加少量元件。78XX 系列又细分为三个子系列，即 78XX、78MXX 和 78LXX。其差别只在输出电流和外形方面，78XX 输出电流为 1.5 A，78MXX 输出电流为 0.5 A，78LXX 输出电流为 0.1 A。

负压系列：79XX 系列。与 78XX 系列相比，79XX 除了输出电压极性、引脚定义不同外，其他特点都相同。

78XX 系列、79XX 系列的典型电路见图 2.1.3。

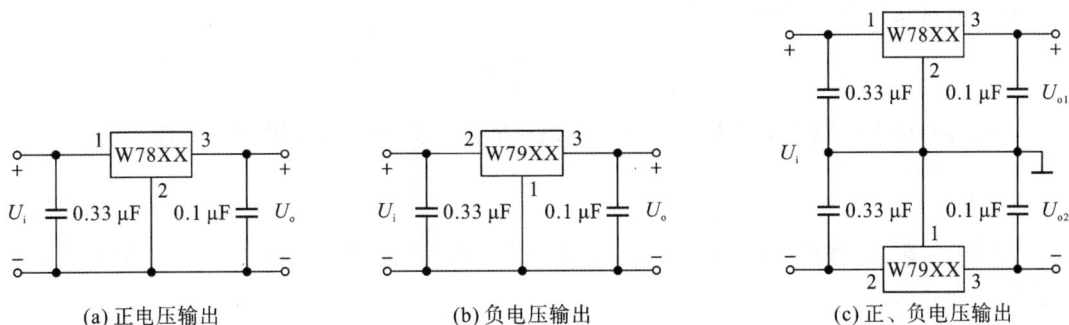

图 2.1.3　固定三端稳压器的典型应用

(a) 正电压输出　　　　(b) 负电压输出　　　　(c) 正、负电压输出

4)稳压电源的性能指标

稳压电源的技术指标分为两种:一种是特性指标,包括允许的输入电压等;另一种是质量指标,用来衡量输出直流电压的稳定程度,包括稳压(或电压调整率)、输出电阻(或电流调整率)、温度系数及纹波电压等。测试电路如图 2.1.4 所示。

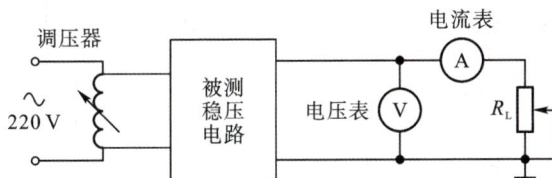

图 2.1.4　稳压电源性能指标测试电路

(1)纹波电压。

纹波电压 U_i 是加在输出电压 U_o 上的交流分量。用示波器观测其峰峰值 ΔU_{PP},一般为毫伏量级。也可以用交流电压表测量其有效值,但因 ΔU_o 不是正弦波,所以用有效值衡量其纹波电压,存在一定误差。

(2)稳压系数及电压调整率。

稳压系数 S_u:在负载电流、环境温度不变的情况下,输入电压的相对变化引起输出电压的相对变化,即

$$S_u = \frac{\Delta U_o / U_o}{\Delta U_i / U_i} \tag{2.1.2}$$

电压调整率 K_u:输入电压相对变化为 $\pm 10\%$ 时的输出电压相对变化量,即

$$K_u = \frac{\Delta U_o}{U_o} \tag{2.1.3}$$

稳压系数 S_u 和电压调整率 K_u 均说明输入电压变化对输出电压的影响,因此只需测试其中之一即可。

(3)输出电阻及电流调整率。

输出电阻:放大器的输出电阻相同,其值为当输入电压不变时,输出电压变化量

与输出电流变化量的绝对值之比，即

$$R_o = \left| \frac{\Delta U_o}{\Delta i_o} \right| \qquad (2.1.4)$$

电流调整率：输出电流从 0 变到最大值时所产生的输出电压相对变化值，即

$$K_i = \frac{\Delta U_o}{U_o} \qquad (2.1.5)$$

输出电阻 R_o 和电流调整率 K_i 均说明负载电流变化对输出电压的影响，因此也测试其中之一即可。

2. RC 桥式正弦波振荡器的基本原理

图 2.1.5 是 RC 桥式正弦波振荡器的原理电路。

RC 桥式振荡器又称文氏电桥振荡器，是采用 RC 串并联选频网络的一种正弦波振荡器。它具有较好的正弦波形且频率调节范围宽，广泛应用于产生 1 MHz 以下的正弦波信号，且振幅和频率较稳定。

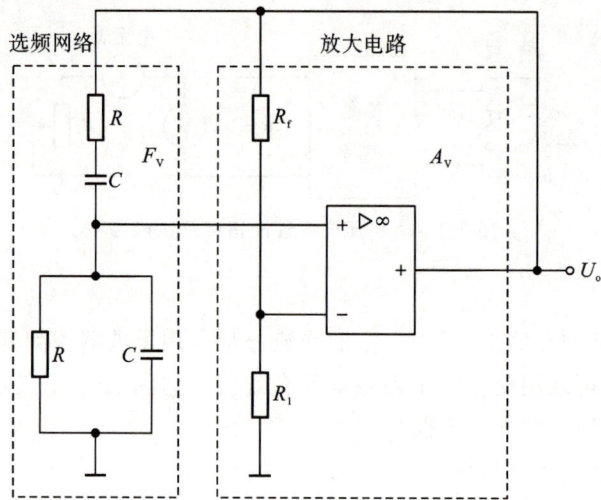

图 2.1.5　RC 桥式正弦波振荡器

这个电路由两部分组成，即放大电路 A_v 和选频网络 F_v，A_v 为由集成运放组成的电压串联负反馈电路，而 F_v 则由 Z_1、Z_2 组成，同时兼做正反馈网络。由于放大器采用集成运放并引入电压串联负反馈，其输入、输出阻抗对正反馈网络的影响可以忽略。

1)RC 串并联选频网络的选频特性

图 2.1.5 中用虚线框所表示的 RC 串并联选频网络具有选频作用。

选频网络的反馈系数 $\dot{F_v} = \frac{\dot{V_f}}{\dot{V_o}} = \frac{Z_2}{Z_1 + Z_2}$，就实际的频率而言，可用 $S = j\omega$，测得

$$\dot{F}_{\mathrm{V}} = \frac{\mathrm{j}\omega RC}{(1 - \omega^2 R^2 C^2) + \mathrm{j}3\omega RC}, \quad \text{如令} \ \omega_0 = \frac{1}{RC} \ \text{则上式为} \ \dot{F}_{\mathrm{V}} = \frac{1}{3 + \mathrm{j}\left(\dfrac{\omega}{\omega_0} - \dfrac{\omega_0}{\omega}\right)}.$$

由此可得 RC 串并联选频网络的幅频响应及相频响应 φ_1：

$$F_{\mathrm{V}} = \frac{1}{\sqrt{3^2 + \left(\dfrac{\omega}{\omega_0} - \dfrac{\omega_0}{\omega}\right)^2}} \tag{2.1.6}$$

$$\varphi_1 = -\arctan\frac{\left(\dfrac{\omega}{\omega_0} - \dfrac{\omega_0}{\omega}\right)}{3} \tag{2.1.7}$$

由此而知当 $\omega = \omega_0 = \dfrac{1}{RC}$ 或 $f = f_0 = \dfrac{1}{2\pi RC}$ 时，幅频响应的幅值最大，即 $F_{\mathrm{Vmax}} = \dfrac{1}{3}$。

RC 串并联正反馈网络的幅频特性和相频特性曲线如图 2.1.6 所示。

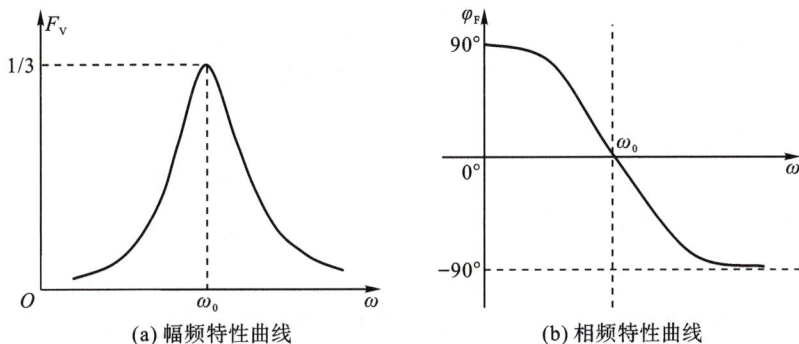

(a) 幅频特性曲线   (b) 相频特性曲线

图 2.1.6　RC 串并联正反馈网络的特性曲线

2)带稳幅环节的负反馈支路

由上述分析可知，正反馈选频网络在满足相位平衡的条件下，其反馈量为最大，是 1/3。因此，为满足幅值平衡条件，负反馈放大器的放大倍数应为 3 倍。为起振方便应略大于 3 倍。由于放大器接成同相比例放大器，放大倍数需满足 $A_{\mathrm{VF}} = 1 + \dfrac{R_{\mathrm{f}}}{R_1} \geqslant 3$，故 $\dfrac{R_{\mathrm{f}}}{R_1} \geqslant 2$。为此，可在线路中设置电位器进行调节。

为了输出波形不失真且起振容易，在负反馈支路中接入非线性器件来自动调节负反馈量，是非常必要的。实现方法有多种，可接热敏电阻的，也可接场效应管的(压控器件)，本实验利用二极管的非线性特性来实现稳幅。其稳幅原理可从二极管的伏安特性曲线来理解，如图 2.1.7 所示。

在二极管伏安特性曲线的弯曲部分，呈现非线性特性。从图中可以看出，在 Q_2 点，PN 结的等效动态电阻 $R_{\mathrm{D2}} = \dfrac{\mathrm{d}U_{\mathrm{D}}}{\mathrm{d}I_{\mathrm{D}}}\bigg|_{Q_2}$；在 Q_1 点，PN 结的等效动态电阻 $R_{\mathrm{D1}} = \dfrac{\mathrm{d}U_{\mathrm{D}}}{\mathrm{d}I_{\mathrm{D}}}\bigg|_{Q_1}$；显然，

$R_{D1} > R_{D2}$；也就是说，当振荡器的输出电压幅度增大时，二极管的等效电阻减小，负反馈量增大，进而抑制输出正弦波幅度的增大，达到稳幅的目的。

通过调节二极管的等效电阻 R_D 来调整负反馈量，可将振荡器输出正弦波控制在较小幅度，使正弦波的失真度减小，振荡频率接近估算值；反之，失真度增大，且振荡频率偏低。这是实验中应当注意的要点。

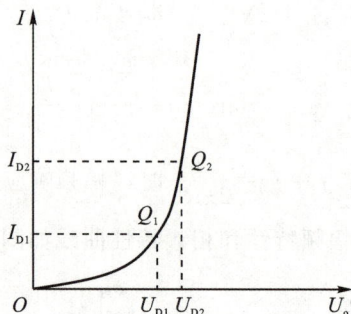

图 2.1.7　伏安特性曲线

3)振荡频率及起振条件

(1)振荡频率。

为了满足振荡时的相位平衡条件，要求 $\varphi_A = \pm 2n\pi \neq \varphi_f$。当 $f = f_0$ 时，串并联网络的 $\varphi_f = 0$，如果在此频率下能使放大电路的 $\varphi_A = \pm 2n\pi$，即放大电路的输入与输出同相，达到相位平衡条件。在图 2.1.5 的 RC 串并联网络振荡原理图中，放大部分是集成运放，采用同相输入方式，则在中频范围内 φ_A 近似等于零。因此，电路在 f_0 时满足 $\varphi_A + \varphi_f = 0$，而对于其他任何频率，则不满足振荡的相位平衡条件，所以电路的振荡频率 $f_0 = \dfrac{1}{2\pi RC}$。

(2)起振条件。

已知当 $f = f_0$ 时，$|F| = \dfrac{1}{3}$，为了满足振荡的幅度平衡条件，必须使 $|AF| > 1$，由此可以求得振荡电路得起振条件为 $|A| > 3$。

4)振荡电路中的负反馈

在 RC 串并联网络振荡电路中，起振条件为 $|A| > 3$ 即可产生正弦波振荡。如果 $|A|$ 值过大，由于振荡幅度超出放大电路的线性放大范围而进入非线性区，输出波形将产生明显的失真。因此，通常都在放大电路中引入负反馈以改善振荡波形。在 RC 串并联网络振荡电路中，引入了一个电压串联负反馈，它不仅可以提高放大倍数的稳定性，还可以优化振荡电路的输出波形。

改变电阻 R_f 或 R' 的阻值大小可以调节负反馈的深度。R_f 越小，负反馈系数 $F = R'/(R_f + R')$ 越大，负反馈深度越深，放大电路的电压放大倍数越小；反之，R_f 越大，

则负反馈系数 F 越小，电压放大倍数越大。如电压放大倍数大小不能满足 $|A|>3$ 的条件，则振荡电路不起振。如果电压放大倍数太大，则可能导致输出幅度太大，使振荡波形产生明显的非线性失真。此时，应调整 R_f 或 R' 的值，使振荡电路输出比较稳定且失真较小的正弦波信号。

5)振荡频率的调节

RC串并联网络正弦波振荡电路的振荡频率 $f_0=\dfrac{1}{2\pi RC}$，因此只要改变电阻 R 和电容 C 的值，即可调节振荡频率。在 RC 串并联网络中，利用波段开关换接不同的电容对振荡频率进行粗调，利用同轴电位器对振荡频率进行细调。为了调解振荡频率方便，通常取 $R_1=R_2=R$ ， $C_1=C_2=C$ 。

四、设计要求

(1)计算并推导直流稳压电源所用到元器件的具体参数。

(2)计算并推导 RC 桥式正弦波振荡器所用到元器件的具体参数。

(3)将设计好的电路，在计算机上运用 Multisim 设计进行仿真。

(4)按照电路设计，将元件安装在实验板上。

(5)对安装好的电路进行调试和测试。

①测试直流稳压电源输出电压和性能指标：变压器电压、整流电压及波形、滤波电压及波形、稳压管输出电压、纹波电压。

②测试 RC 桥式正弦波振荡器输出电压和性能指标：有稳幅二极管的 RC 振荡器输出波形、振荡频率 f_0、正弦波幅度。

五、设计举例

1. 直流稳压电源

性能指标要求如下：

①输出电压： $U_o=+5\sim12\ \text{V}$；

②纹波电压： $U_i\leqslant5\ \text{mV}$；

③电压调整率： $K_o\leqslant3\%$；

④电流调整率： $K_i\leqslant1\%$。

选用可调式三端稳压器 W317，其典型指标满足设计要求。电路设计如图 2.1.8 所示。

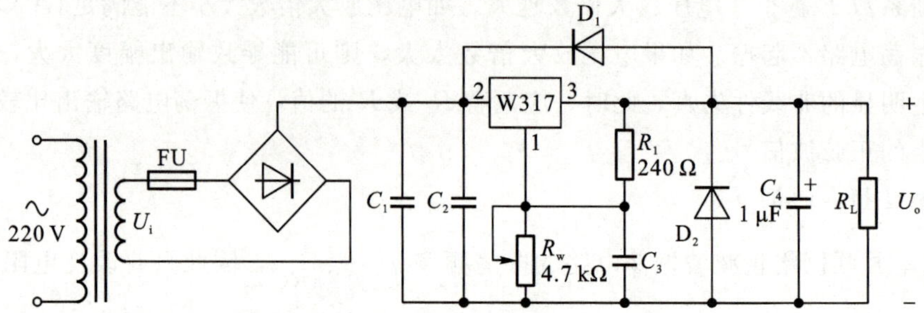

图 2.1.8　设计示例

1)器件选择

电路参数计算如下。

(1)确定稳压电路的最低输入直流电压 U_{imin}。

$$U_{imin} \approx \frac{[U_{omax} + (U_i - U_o)_{min}]}{0.9} \qquad (2.1.8)$$

代入各数值，计算得：

$$U_{imin} \geqslant \frac{12+3}{9} \text{ V} = 16.67 \text{ V} \qquad (2.1.9)$$

取整为 17 V。

(2)确定电源变压器副边电压、电流及功率。

$$U_i \geqslant \frac{U_{imax}}{1.1} \qquad (2.1.10)$$

$$I_i \geqslant I_{imax} \qquad (2.1.11)$$

取 $I_i = 1.1$ A；$U_i \geqslant 15.5$ V；变压器副边功率 $P_2 \geqslant 17$ W；变压器的效率 $\eta = 0.7$，则原边功率 $P_I \geqslant 24.3$ W。由上分析，可选购副边电压为 16 V，输出电流为 1.1 A，功率 30 W 的变压器。

(3)选择整流二极管及滤波电容。

因电路形式为桥式整流电容滤波，可通过每个整流二极管的反峰电压和工作电流求出滤波电容值。已知整流二极管 1N5401 的极限参数为 $U_{RM} = 50$ V，$I_D = 3.5$ A，滤液电容为 1941～3235 μF，故取 2 只 2200 μF /25 V 的电解电容作滤波电容。

2)稳压器功耗估算

当输入交流电压增加 10% 时，稳压器最大输入直流电压：

$$U_{imax} = 1.1 \times 1.1 \times 16 \text{ V} = 19.36 \text{ V}$$

所以稳压器承受的最大压差为 15～19.36 V；最大功耗为 $V_{imax} \times I_{imax} = 15$ V $\times 1.1$ A $= 16.5$ W，故应选用散热功率大于等于 16.5 W 的散热器。

2. RC 桥式正弦波振荡器

设计一个振荡频率为 800 Hz 的 RC 桥式正弦波振荡器。根据设计要求，按照图

2.1.9 所示连接电路，计算和确定电路中的元件参数。

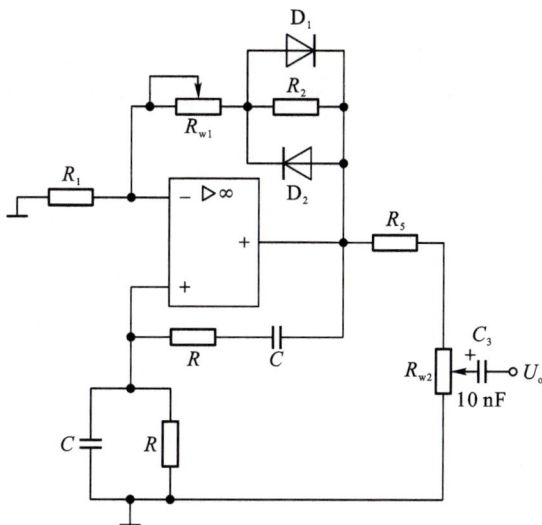

图 2.1.9　RC 桥式正弦波振荡器

(1)根据振荡器的频率，计算 RC。

$$RC = \frac{1}{2\pi f_0} = \frac{1}{2 \times 3.14 \times 800} \text{ s} = 1.99 \times 10^{-4} \text{ s}$$

(2)确定 R、C 的值。

为了使选频网络的特性不受运算放大器输入电阻和输出电阻的影响。按 $R_1 \gg R \gg R_o$ 的关系选择 R 的值。其中：R_1 为运算放大器同相端的输入电阻，R_o 为运算放大器的输出电阻。

因此，初选 $R = 20$ kΩ，则：

$$C = \frac{1.99 \times 10^{-4}}{20 \times 10^3} \text{ F} = 0.995 \times 10^{-7} \text{ F} \approx 0.1 \text{ }\mu\text{F}$$

(3)确定 R_1 和 R_f 的值。

由振荡的振幅条件可知，要使电路起振，R_f 应略大于 $2R_1$，通常取 $R_f = 2.1R_1$，以保证电路能起振和减小波形失真。

另外，为了满足 $R = \dfrac{R_1 R_f}{R_1 + R_f}$ 的直流平衡条件，减小运放输入失调电流的影响。由 $R_f = 2.1R_1$ 和 $R = \dfrac{R_1 R_f}{R_1 + R_f}$ 可求出：

$$R_1 = \frac{3.1}{2.1}R = \frac{3.1}{2.1} \times 20 \times 10^3 \text{ }\Omega = 29.5 \times 10^3 \text{ }\Omega$$

取标称值：
$$R_1 = 30 \text{ k}\Omega$$

所以：
$$R_f = 2.1R_1 = 2.1 \times 30 \times 10^3 \text{ }\Omega = 63 \text{ k}\Omega$$

为了达到最好效果，R_f 与 R_3 的值还需通过实验调整后确定。

（4）确定稳幅电路及其元件值。

稳幅电路由 R_5 和两个接法相反的二极管 D_1、D_2 并联而成，如图 2.1.9 所示。稳幅二极管 D_1、D_2 应选用温度稳定性较高的硅管。而且二极管 D_1、D_2 的特性必须一致，以保证输出波形的正负半周对称。

（5）R_5 与 R_2 的确定。

由于二极管的非线性会引起波形失真，因此，为了减小非线性失真，可在二极管的两端并上一个阻值与 R_d（R_d 为二极管导通时的动态电阻）相近的电阻 R_5（在本例中取 $R_5 = 2\ \text{k}\Omega$），然后再经过实验调整，以达到最好效果。R_5 确定后，可按下式求出 R_2。

$$R_2 = R_f - \frac{R_d R_5}{R_d + R_5} \approx R_f - \frac{R_5}{2} = 63\ \text{k}\Omega - 1\ \text{k}\Omega = 62\ \text{k}\Omega$$

为了达到最佳效果，R_2 可用 30 kΩ 电阻和 50 kΩ 的电位器串联。

（6）选择运算放大器的型号。

选择的运算放大器，要求输入电阻高、输出电阻小，而且增益带宽积要满足：

$$A_{Vo} \cdot f_{BW} > 3f_o \tag{2.1.12}$$

由于本例中的 $f_o = 800\ \text{Hz}$，故选用 LM324 集成运算放大器。

六、实验报告要求

（1）按要求画出设计的实验电路图。

（2）对于实验电路中元器件的选择，要有必要的推导过程。

（3）记录各数据与测试波形。

（4）调试中出现什么故障？如何排除？

（5）撰写个人心得总结。

七、思考题

（1）实验电路中的直流稳压电源基本组成包括几个部分？

（2）简述滤波电路中滤波电容的工作状态。

（3）实验电路中振荡电路的基本组成包括几个部分？

（4）实验电路中的正反馈支路、负反馈支路各由什么元件构成？各自的作用是什么？

课程设计二

用运算放大器组成万用电表的设计与调试

一、实验目的

(1)设计由运算放大器组成的万用电表。

(2)组装与调试由运算放大器组成的万用电表。

二、设计任务

(1)直流电压表：满量程 6 V。

(2)直流电流表：满量程 10 mA。

(3)交流电压表：满量程 6 V，50 Hz～1 kHz。

(4)交流电流表：满量程 10 mA。

(5)欧姆表：满量程分别为 1 kΩ、10 kΩ、100 kΩ。

三、实验原理

在测量中，电表的接入应不影响被测电路的原工作状态，这就要求电压表应具有无穷大的输入电阻，而电流表的内阻应为零。但实际上，万用电表表头的可动线圈总有一定的电阻，例如，100 μA 的表头，其内阻约为 1 kΩ，用它进行测量时将影响被测量值，引起误差。此外，交流电表中的整流二极管的压降和非线性特性也会产生误差。如果在万用电表中使用运算放大器，就能大大降低这些误差，提高测量精度。在欧姆表中采用运算放大器，不仅能得到线性刻度，还能实现自动调零。

1. 直流电压表

为了减小表头参数对测量精度的影响，将表头置于运算放大器的反馈回路中，这时，流经表头的电流与表头的参数无关，只要改变 R_1 的电阻，就可进行量程的切换。

表头电流 I 与被测电压 U_i 的关系为

$$I = \frac{U_i}{R_i}$$

图 2.2.1 适用于测量电路与运算放大器共地的有关电路。此外，当被测电压较高时，在运算放大器的输入端应设置衰减器。

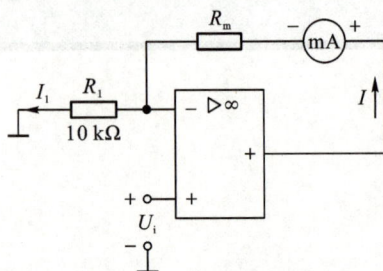

图 2.2.1 直流电压表

2. 直流电流表

图 2.2.2 是浮地直流电流表的原理图。在直流测量中，对浮地电流的测量是普遍存在的，若被测电流无接地点，就属于这种情况。为此，应把运算放大器的电源也对地浮动。按此种方式设置的电流表就像常规电流表那样，可以串联在任何电流通路中测量电流。

图 2.2.2 浮地直流电流表

表头电流 I 与被测电流 I_1 间的关系为

$$-I_1 R_1 = (I_1 - I) R_2 \qquad (2.2.2)$$

$$I = (1 + \frac{R_1}{R_2}) I_1 \qquad (2.2.3)$$

可见，改变电阻比 $\frac{R_1}{R_2}$，可调节流过电流表的电流，以提高灵敏度。如果被测电流较大，应给电流表表头并联分流电阻。

3. 交流电压表

由运算放大器、二极管整流桥和直流毫安表组成的交流电压表如图 2.2.3 所示。被测交流电压 U_i 加到运算放大器的同相端,故有很高的输入阻抗,又因为负反馈能减小反馈回路中的非线性影响,故把二极管桥路和表头置于运算放大器的反馈回路中,以减小二极管本身非线性的影响。

表头中电流 I 与被测电压 U_i 的关系:

$$I = \frac{U_i}{R_i} \tag{2.2.4}$$

电流 I 全部流过桥路,其值仅与 $\frac{U_i}{R_i}$ 有关,与桥路和表头参数(如二极管的死区等非线性参数)无关。表头中电流与被测电压 U_i 的全波整流平均值成正比,若 U_i 为正弦波,则表头可按有效值来刻度。被测电压的上限频率取决于运算放大器的频带和上升速率。

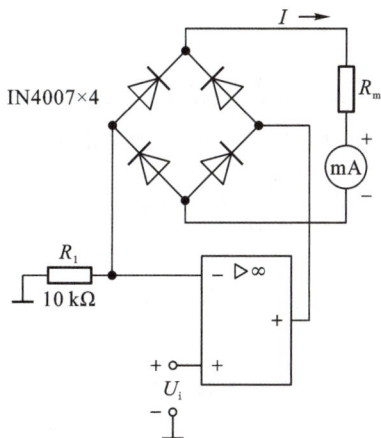

图 2.2.3 交流电压表

4. 交流电流表

图 2.2.4 为浮地交流电流表,表头读数由被测交流电流 i 的全波整流平均值 I_{1AV} 决定,即 $I = \left(1 + \dfrac{R_1}{R_2}\right) I_{1AV}$。如果被测电流 i 为正弦电流,即 $i_1 = \sqrt{2}\, I_1 \sin\omega t$,则上式可写为 $I = 0.9\left(1 + \dfrac{R_1}{R_2}\right) I_1$。因此,表头可按有效值刻度。

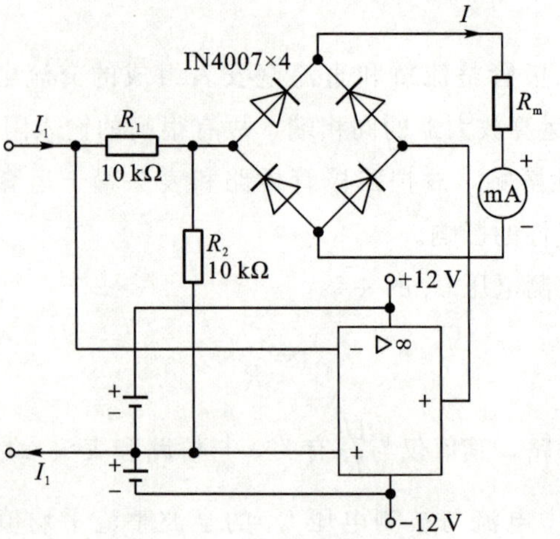

图 2.2.4　浮地交流电流表

5. 欧姆表

图 2.2.5 为多量程的欧姆表。在此电路中，运算放大器改由单电源供电，被测电阻 R_x 跨接在运算放大器的反馈电路中，同相端加基准电压 U_{REF}。由于 $U_P = U_N = U_{REF}$，$I_1 = I_x$，$\dfrac{U_{REF}}{R_1} = \dfrac{U_0 - U_{REF}}{R_x}$，即 $R_x = \dfrac{R_1}{U_{REF}}(U_0 - U_{REF})$。因此，流经表头的电流为

$$I = \frac{U_0 - U_{REF}}{R_2 + R_m} \tag{2.2.5}$$

消去 $(U_0 - U_{REF})$ 可得

$$I = \frac{U_{REF} R_x}{R_1(R_2 + R_m)} \tag{2.2.6}$$

可见，I 与被测电阻 R_x 成正比，而且表头具有线性刻度，改变 R_1 值，可改变欧姆表的量程。这种欧姆表能自动调零，当 $R_x = 0$ 时，电路变成电压跟随器，即 $U_0 = U_{REF}$，故表头电流为零，从而实现了自动调零。

二极管 VD 起保护电表的作用，如果没有 VD，当 R_x 超量程时，特别是当 R_x 趋于 ∞，运算放大器的输出电压将接近电源电压，使表头过载。有了 VD 就可使输出箝位，防止表头过载。调整 R_2，可实现满量程调节。

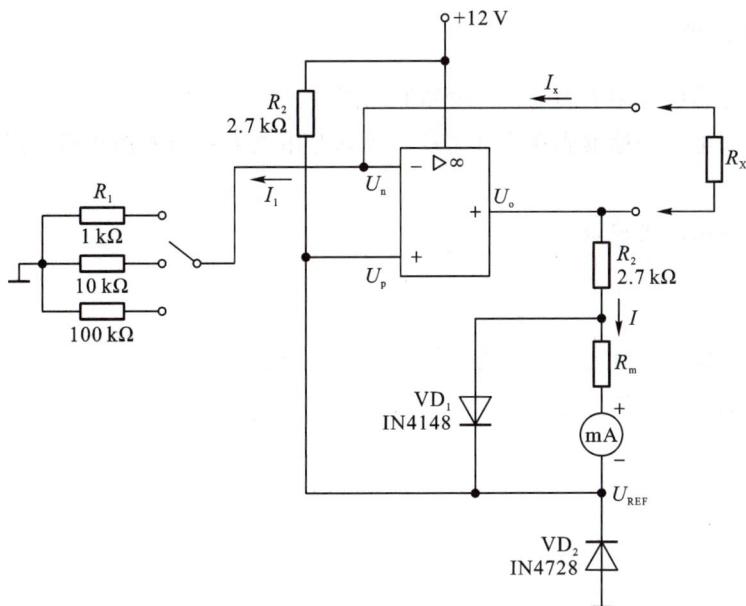

图 2.2.5　多量程的欧姆表

四、电路设计

(1)万用电表的电路是多种多样的，建议用参考电路设计一个较完整的万用电表。

(2)万用电表在进行电压、电流或欧姆测量，以及量程切换时，应用开关切换，实验时可引用接线切换。

五、实验元器件选择

(1)表头：灵敏度为 1 mA，内阻为 100 Ω。

(2)运算放大器：μA741。

(3)电阻器：均采用 0.25 W 的金属膜电阻器。

(4)二极管：IN4007×4、IN4148。

(5)稳压管：IN4728。

六、注意事项

(1)在连接电源时，正、负电源连接点上各接大容量的滤波电容器和 $0.01 \sim 0.1\ \mu\mathrm{F}$ 的小电容器，以消除通过电源产生的干扰。

(2)万用电表的电性能测试要用标准电压表和电流表校正，而欧姆表用标准电阻校正。考虑到实验要求不高，建议用数字式 $4\frac{1}{2}$ 位万用电表作为标准表。

七、实验报告要求

(1)画出完整的万用电表的设计电路原理图。

(2)将万用电表与标准表作测试比较，计算万用电表各功能挡的相对误差，分析误差原因。

(3)写出电路改进建议。

八、思考题

(1)简述万用表的基本工作原理及其相关组成部分。

(2)简述运算放大器工作原理。

课程设计三

有源滤波器的设计

一、实验目的

(1)学习有源滤波器的设计方法，能够独立完成简单的有源滤波器的设计。

(2)掌握有源滤波器的安装与调试方法。

(3)了解电阻、电容和 Q 值对滤波器性能的影响。

二、设计任务

按以下指标要求设计滤波器，并计算出电路中元件的参数。

1. 低通滤波器

(1)截止频率：$f_c = 1$ kHz。

(2)通带电压放大倍数：$A_{u0} = 1$。

(3)$f = 10\, f_c$ 时，要求幅度频率衰减大于 35 dB。

2. 高通滤波器

(1)截止频率：$f_c = 500$ Hz。

(2)通带电压放大倍数：$A_{u0} = 5$。

(3)$f = 0.1\, f_c$ 时，要求幅度至少衰减 30 dB。

3. 带通滤波器

(1)通带中心频率：$f_0 = 500$ Hz。

(2)通带电压放大倍数：$A_{u0} = 2$。

(3)通带带宽：$\Delta f = 100$ Hz。

三、实验原理

1. 压控电压源二阶带通滤波器

压控电压源二阶带通滤波器电路如图 2.3.1 所示，电路的传输函数为

$$A_u(s) = \cfrac{\dfrac{A_f}{R_1 C}s}{s^2 + \dfrac{1}{C}\left[\dfrac{2}{R_3} + \dfrac{1}{R_1} + \dfrac{1}{R_2}(1-A_f)\right]s + \dfrac{1}{R_3 C^2}\left(\dfrac{1}{R_1} + \dfrac{1}{R_2}\right)} = \cfrac{A_{u0}\dfrac{W_0}{Q}s}{s^2 + \dfrac{W_0}{Q}s + W_0^2} \qquad (2.3.1)$$

上式中，带通滤波器的中心角频率 $W_0 = \sqrt{W_1 \cdot W_2}$；$W_1$ 和 W_2 分别为带通滤波器的高、低截止频率。

中心角频率为

$$W_0 = \sqrt{\dfrac{1}{R_3 C^2}\left(\dfrac{1}{R_1} + \dfrac{1}{R_2}\right)} \qquad (2.3.2)$$

$$\dfrac{W_0}{Q} = \dfrac{1}{C}\left[\dfrac{2}{R_3} + \dfrac{1}{R_1} + \dfrac{1}{R_2}(1-A_f)\right] \qquad (2.3.3)$$

中心角频率 W_0 处的电压放大倍数为

$$A_{u0} = \cfrac{A_f}{R_1\left[\dfrac{2}{R_3} + \dfrac{1}{R_1} + \dfrac{1}{R_2}(1-A_f)\right]} \qquad (2.3.4)$$

式中，$A_f = 1 + \dfrac{R_5}{R_4}$。

通带带宽为

$$f_{BW0.7} = W_2 - W_1 \text{ 或 } \Delta f = f_2 - f_1 \qquad (2.3.5)$$

$$f_{BW0.7} = \dfrac{W_0}{Q} = \dfrac{1}{C}\left[\dfrac{2}{R_3} + \dfrac{1}{R_1} + \dfrac{1}{R_2}(1-A_f)\right] \qquad (2.3.6)$$

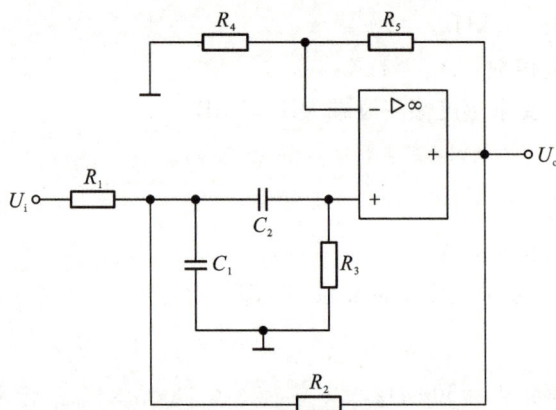

图 2.3.1 压控电压源二阶带通滤波器

2. 无限增益多路负反馈二阶带通滤波器

无限增益多路负反馈二阶带通滤波器电路如图 2.3.2 所示。

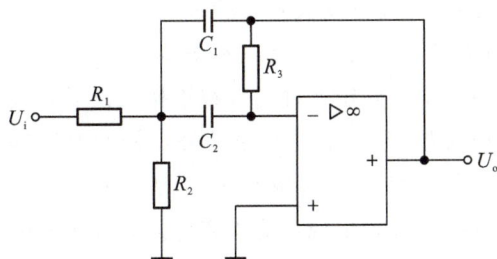

图 2.3.2　无限增益多路负反馈二阶带通滤波器

电路的传输函数为

$$A_u(s)=\cfrac{-\cfrac{1}{R_1 C}s}{s^2+\cfrac{2}{R_3 C}s+\cfrac{1}{R_3 C^2}(\cfrac{1}{R_1}+\cfrac{1}{R_2})}=\cfrac{A_{u0}\cfrac{W_0}{Q}s}{s^2+\cfrac{W_0}{Q}s+W_0^2} \tag{2.3.7}$$

式中，$W_0=\sqrt{W_1 \cdot W_2}$ 是带通滤波器的中心角频率；W_1 和 W_2 分别为带通滤波器的高、低截止频率。

中心角频率为

$$W_0=\sqrt{\frac{1}{R_3 C^2}(\frac{1}{R_1}+\frac{1}{R_2})} \tag{2.3.8}$$

带通中心角频率 W_0 处的电压放大倍数为

$$A_{u0}=-\frac{R_3}{R_1 C} \tag{2.3.9}$$

品质因数 Q 为

$$Q=\frac{W_0}{f_{BW}}=\frac{f_0}{\Delta f} \qquad (f_{BW}\ll W_0 \text{ 时}) \tag{2.3.10}$$

有源滤波器的设计，就是根据所给定的指标要求，确定滤波器的阶数 n，选择具体的电路形式，算出电路中各元件的具体数值，安装和调试电路，使设计的滤波器满足指标要求，具体步骤如下：

(1)根据阻带衰减速率要求，确定滤波器的阶数 n。

(2)选择具体的电路形式。

(3)根据电路的传输函数确定归一化滤波器传输函数的分母多项式，建立起系数的方程组。

(4)解方程组求出电路中元件参数的具体数值。

(5)安装电路并进行调试。使电路的性能满足各项指标要求。

四、实验要求

(1)将设计好的电路在计算机上进行仿真。

(2)按照设计好的电路，将元件安装在实验板上。

(3)对安装好的电路按以下方法进行调试和测试。

①仔细检查安装好的电路，确定元件与导线连接无误后，接通电源。

②在电路的输入端加入 U_i 为 1 V 的正弦信号，慢慢改变输入信号的频率（注意保持 U_i 的值不变），用晶体管毫伏表观察输出电压的变化。在滤波器的截止频率附近，观察电路是否具有滤波特性。若未呈现，应检查电路，找出故障原因并排除。

③若电路具有滤波特性，可进一步进行调试。对于低通和高通滤波器应观测其截止频率是否满足设计要求，若不满足设计要求，应根据相关公式，确定应调整哪一个元件，既能使截止频率达到设计要求，又不影响其他的指标参数。然后观测电压放大倍数是否满足设计要求，若达不到要求，应根据相关公式调整相关元件，使其达到设计要求。

④当各项指标都满足技术要求后，保持 U_i 为 2 V 不变，改变输入信号的频率，分别测量滤波器的输出电压，根据测量结果画出幅频特性曲线，并将测量的截止频率 f_c、带通电压放大倍数 A_{u0} 与设计值进行比较。

五、设计实验报告要求

(1)根据给定的指标要求，计算元件参数，列出计算机仿真的结果。

(2)画出设计的电路图，并标明元件的数值。

(3)处理实验数据，做出 A_u-f 曲线图。

(4)对实验结果进行分析，并将测量结果与计算机仿真的结果进行比较。

六、思考题

(1)根据电压转移函数表达式和实验结果，分析比较无源滤波器与有源滤波器的特点。

(2)讨论运算放大器的闭环增益对有源滤波器特性的影响。

(3)测量幅频特性时，可以采用扫频仪快速测量，对扫频仪会有哪些要求？

(4)在设计有源滤波器过程中，应该注意什么问题？

(5)高通滤波器的上限频率受哪些因素影响？采用什么措施可以减少这些影响？

(6)滤波器在通信和信号处理中的应用有哪些？滤波器有什么功能？

课程设计四

语音放大电路的设计

一、实验目的

(1)掌握集成运算放大器的工作原理及应用。

(2)掌握低频小信号放大电路和功率放大电路的设计方法。

(3)了解语音识别相关知识。

二、设计任务与要求

1. 已知条件

语音放大电路由前置放大器、带通滤波器、功率放大器、喇叭几部分构成，如图 2.4.1 所示。

前置放大器 → 带通滤波器 → 功率放大器 → 喇叭

图 2.4.1　语音放大电路

前置放大器：将前级输出的微小的电信号在电压幅度上进行放大。

带通滤波器：滤除各种噪声信号，而使正常的语音信号通过。

功率放大器：放大电流，使信号能够驱动负载(喇叭)。

2. 性能指标

1)前置放大器

(1)输入信号：$U_{id} \leqslant 10$ mV。

(2)输入阻抗：$R_i = 100$ kΩ。

(3)共模抑制比：$K_{CMR} \geqslant 60$ dB。

2)有源带通滤波器

带通频率范围为 300~3000 Hz。

3)功率放大器

(1)最大不失真输出功率 $P_{omax} \geqslant 5$ W。

(2)负载阻抗：$R_L = 4\ \Omega$。

(3)电源电压：$+5\ V$、$+12\ V$、$-12\ V$。

4)输出功率连续可调

(1)直流输出电压 $V_o \leqslant 50\ mV$（输出开路时）。

(2)静态电源电流 $I_i \leqslant 100\ mA$（输出短路时）。

3. 要求

(1)选取单元电路及元件。

根据设计要求和已知条件，确定前置放大电路、有源带通滤波电路、功率放大电路的方案，计算和选取单元电路的元件参数。

(2)前置放大电路的组装与调试。

测量前置放大电路的差模电压增益 A_{vd}、共模电压增益 A_{vc}、共模抑制比 K_{CMR}、带宽 f_{BW1}、输入电压 U_i 等各项技术指标，并与设计要求值进行比较。

(3)有源带通滤波电路的组装与调试。

测量有源带通滤波电路的差模电压增益 A_{vd}、带宽 f_{BW1}，并与设计要求进行比较。

(4)功率放大电路的组装与调试。

测量功率放大电路的最大不失真输出功率 P_{omax}、电源供给功率 P_{DC}、输出效率 η、直流输出电压 U_o、静态电源电流 U_i 等技术指标。

(5)整体电路的联调与试听。

(6)应用 EWB 软件对电路进行仿真分析。

三、实验原理与参考电路

1. 前置放大电路

前置放大电路可通过改进前文设计的差分放大电路来实现，也可以利用集成运放构建测量用小信号放大电路。下面介绍测量用小信号放大电路的设计。

在测量用小信号放大电路中，一般传感器传来的直流或低频信号，经放大后多用单端方式传输。典型情形下，信号最大幅度可能仅有若干毫伏，共模噪声可能高达几伏。放大器输入漂移和噪声等因素对于总的精度至关重要，放大器本身的共模抑制特性等同样需要关注。因此前置放大电路应该是一个高输入阻抗、高共模抑制比、低漂移的小信号放大电路。在设计前置小信号放大电路时，可参考运算放大器应用的相关介绍。

前置放大电路如图 2.4.2 所示，增益 $A_V = 1 + \dfrac{R_f}{R_1}$。

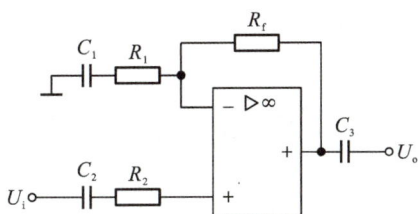

图 2.4.2　前置放大电路

2. 有源滤波电路

有源滤波电路是用有源器件与 RC 网络组成的滤波电路。

有源滤波电路的种类有低通（LPF）、高通（HPF）、带通（BPF）、带阻（BEF）滤波器，本实验着重讨论典型的二阶有源滤波器。

由于声音频率在 300～3000 Hz，所以本实验需要二阶带通有源滤波器。

1）基本原理

带通滤波器（BPF）能通过规定范围的频率，这个频率范围就是电路的带宽 f_{BW}，滤波器的最大输出电压峰值出现在中心频率 f_o 的频率点上。

带通滤波器的带宽越窄，选择性越好，电路的品质 Q 就越高。Q 可用公式求出：$Q = \dfrac{f_o}{f_{BW}}$。

可见，高 Q 值滤波器带宽窄，输出电压大；反之低 Q 值滤波器有较宽的带宽，势必输出电压较小。要实现这么一个功能，我们可以将一个二阶有源低通滤波器与一个二阶有源高通滤波器串联起来，由二阶有源低通滤波器来对高频信号进行抑制，由二阶有源高通对滤波器对低频信号进行抑制，最终达到对信号进行一定频率范围的抑制作用。

有源滤波电路是由有源器件与 RC 网络组成的滤波电路。

本实验采用具有巴特沃斯（Butterworth）特性的典型的二阶有源滤波器。在满足LPF 的通带截止频率高于 HPF 的通带截止频率的条件下，把相同元件的压控电压源滤波器的 LPF 和 HPF 串联起来，可以实现巴特沃斯通带响应。用该方法构成的滤波器的通带较宽，通带截止频率易于调整，多用作测量信号噪声比的音频带通滤波器，电路图如图 2.4.3 所示，能抑制低于 300 Hz 和高于 3000 Hz 的信号。

2）设计原理

本电路采用的宽带带通滤波器，在满足 LPF 的通带截止频率高于 HPF 的通带截止频率的条件下，把相同元件压控电压源滤波器的 LPF 和 HPF 串联起来可以实现带通滤波器的功能，而且带通滤波器的低频截止频率 f_L 由 HPF 的截止频率决定，高频截止频率 f_H 由 LPF 的截止频率决定。

3)性能指标

与 LPF 有关的量：

$$f_n = \frac{1}{2\pi R \sqrt{C_1 C_2}} \tag{2.4.1}$$

$$C_1 = \frac{2Q}{\omega_n R} \tag{2.4.2}$$

$$C_2 = \frac{1}{2Q\omega_n R} \tag{2.4.3}$$

与 HPF 有关的量：

$$f_n = \frac{1}{2\pi C \sqrt{R_1 R_2}} \tag{2.4.4}$$

$$R_1 = \frac{1}{2Q\omega_n C} \tag{2.4.5}$$

$$R_2 = \frac{2Q}{\omega_n C} \tag{2.4.6}$$

采用如图 2.4.3 所示滤波器，能抑制低于 300 Hz 和高于 3000 Hz 的信号，符合我们的要求。此处所用的两个放大器仍为 LM324。

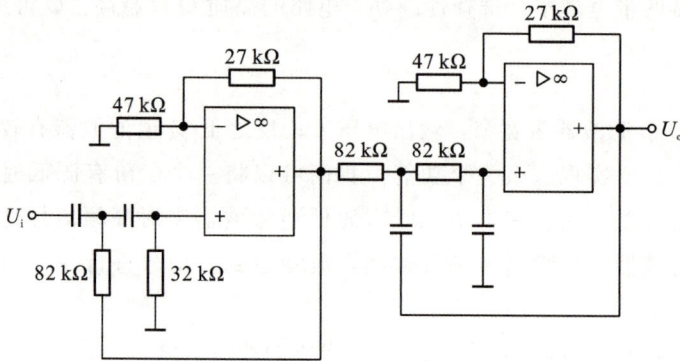

图 2.4.3　滤 波 器

3. 功率放大电路

功率放大器的主要作用是向负载提供功率，要求输出功率尽可能大，转换效率尽可能高，非线性失真尽可能小。

功率放大电路的电路形式很多，有双电源供电的无输出电容互补对称功放电路，单电源供电的无输出变压器的功率放大电路、桥式推挽功放电路和变压器耦合功放电路，等等。这些电路都各有特点，可根据设计要求和具备的实验条件综合考虑，作出选择。

TDA200X 系列音频功率放大器件，包括 TDA2002/TDA2003（或 D2002/D2003/D2030 或 MPC2002H 等）。其性能优良，功能齐全，并附加各种保护电路、消噪声电路，外接元件大大减少，仅有五个引出端（脚），易于安装、使用，因此也称为五端集成功放。集成功放基本工作在接近乙类（B 类）的甲乙类（AB 类）状态，静态电流大都在 10 mA～50 mA，因此静态功耗很小，但动态功耗很大，且随输出的变化而变化。五端集成功放的内部等效电路的主要技术指标与管脚图可参见集成电路有关手册。

图 2.4.4 是 TDA2003 的典型应用电路，图中的补偿元件 R_X、C_X 可按下式选用：

$$R_X = 20 R_2 \tag{2.4.7}$$

$$C_X = \frac{1}{2\pi R_1 f_o} \tag{2.4.8}$$

式中，$R_X \approx 39\ \Omega$，$C_X \approx 0.033\ \mu F$。

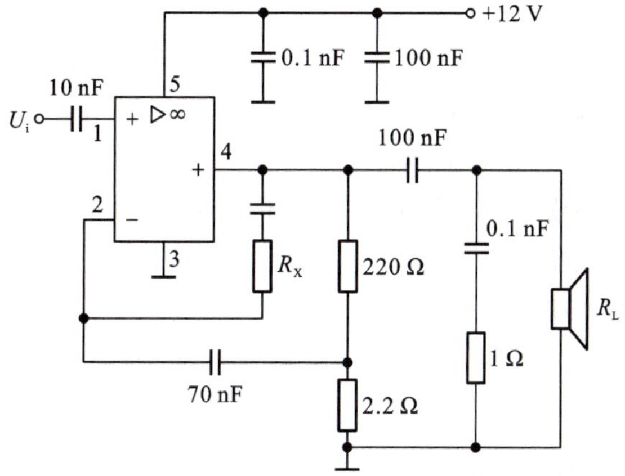

图 2.4.4　音频功率放大电路

四、实验内容及步骤

1. 分配各级放大电路的电压放大倍数

由电路设计要求得知，该放大器由三级组成，其总的电压放大倍数 $A_V = A_{V1} \cdot A_{V2} \cdot A_{V3}$。

应根据放大器所要求的总放大倍数 A_V 来合理分配各级的电压放大倍数（$A_{V1} \sim A_{V3}$），同时还要考虑到各级基本放大电路所能达到的放大倍数。因此在分配和确定各级电压放大倍数时，应注意以下几点：

（1）由输入信号 U_i，最大不失真输出功率 P_{om}、负载阻抗 R_L，求出总的电压放大倍数（增益）A_V。

（2）为了提高信噪比 S/N，前置放大电路的放大倍数可以适当取大。一般来说，一级放大倍数可达几十倍。

（3）为了使输出波形不产生饱和失真，输出信号的幅值应小于电源电压。

2. 确定各单元电路及元件参数

根据已分配确定的电压放大倍数和设计已知条件，分别确定前置级、有源滤波级与输出级的电路方案，并计算和选取各元件参数。

3. 组装电路

在实验电路板上组装所设计的电路，检查无误后接通电源，进行调试。在调试时要注意先进行基本单元电路的调试，然后再进行系统联调；也可以对基本单元采取边组装边调试的办法，最后系统联调。

4. 前置放大电路的调试

1)静态调试

调零和消除自激振荡。

2)动态调试

(1)在两输入端加差模输入电压 U_{id}(输入正弦电压，幅值与频率自选)，测量输出电压 U_{od}，观测与记录输出电压与输入电压的波形(幅值，相位关系)，算出差模放大倍数 A_{vd}。

(2)在两输入端加共模输入电压 U_{ic}(输入正弦电压，幅值与频率自选)，测量输出电压 U_{oc}，算出共模放大倍数 A_{vc}。

(3)算出共模抑制比 K_{CMR}。

(4)用逐点法测量幅频特性，并作出幅频特性曲线，求出上、下限截止频率。

(5)测量差模输入电阻。

5. 有源带通滤波电路的调试

1)静态调试

调零和消除自激振荡。

2)动态调试

(1)输出电压的测量以及输出波形的绘制同前文所述。

(2)测量幅频特性，作出幅频特性曲线，求出带通滤波电路的带宽 f_{BW_2}。

(3)在通带范围内，输入端加差模输入电压，测量输出电压，算出通带电压放大倍数 A_{V2}。

6. 功率放大电路的调试

1)静态调试

集成功放(如 TDA2003)或用运算放大器驱动的功放电路，其静态调试均应在输入端对地短路的条件下进行。输入对地短路，观察输出有无振荡，如有振荡，采取消振措施以消除振荡。

2)功率参数测试

集成或分立元件电路的功率参数测试方法基本相同。应注意在输出信号不失真的条件下进行测试，因此在测试过程中，必须用示波器监视输出信号。

(1)测量最大输出功率 P_{om}。

输入 $f=1\ \mathrm{kHz}$ 的正弦信号，并逐步加大输入电压幅值直至输出电压的 U_o 波形出现临界削波时，测量此时 R_L 两端输出电压的最大值 U_{om} 或有效值 U_o：

$$P_{om}=\frac{U_{om}^2}{2R_L}=\frac{U_o^2}{R_L} \qquad (2.4.9)$$

(2)测量电源供给的平均功率 P_V。

近似认为电源供给整个电路的功率为 P_V，所以在测试 U_{om} 的同时，只要在供电回路串入直流电流表测出直流电源的平均电流 I_C，即可求出 P_V。

$$P_V=V_{CC}\cdot I_C \qquad (2.4.10)$$

(3)计算效率 η。

$$\eta=\frac{P_{om}}{P_V} \qquad (2.4.11)$$

(4)计算电压增益 A_{V3}。

$$A_{V3}=\frac{U_o}{U_{i3}} \qquad (2.4.12)$$

7. 系统联调和试听

经过以上对各级放大电路的局部调试后，可以逐步扩大整个系统的联调范围。

(1)令输入信号 $U_i=0$，测量输出直流电压。

(2)输入 $f=1\ \mathrm{kHz}$ 的正弦信号，改变 U_i 幅值，用示波器观察输出电压 U_o 波形的变化情况，记录输出电压 U_o 最大不失真幅度所对应的输入电压的 U_i 变化范围。

(3)输入 U_i 为一定值的正弦信号，改变输入信号的频率，观察 U_o 的幅值变化情况，记录下降至 $0.707\ U_o$ 的频率变化范围。

(4)计算总的电压放大倍数 $A_V=\dfrac{U_o}{U_i}$。

系统的联调与各项性能指标测试完毕之后，可以模拟视听效果。去掉信号源，用扬声器代替 R_L，从扬声器试听播出的音频效果。从视听效果看，应该以音质清楚、无杂音、音量大、电路运行稳定为最佳设计。

五、注意事项

(1)功率放大器输出电压电流都较大，实验过程中要特别注意安全，绝不能出现短路现象，以防烧毁功放集成电路。

(2)输出功率较大时，功放集成电路会发烫，为了防止过热烧毁集成电路，尽可能加上散热器。

(3)功放电路信号较强，走线不合理时，很容易发生自激振荡。实验过程中随时用示波器观察输出波形，如发现有异常现象，马上切断电源。

六、实验报告要求

(1)设计原理电路，内容包括：

①方案比较，分别画出各方案的原理图，说明其原理、优缺点，并选出最后的方案。

②每一级电压放大倍数的分配数和分配理由。

③每一级主要性能指标的计算。

④每一级主要参数的计算与元器件选择。

(2)整理各项实验数据，并画出有源带通滤波器和前置输入级的幅频特性曲线，画出各级输入、输出电压的波形(标出幅值、相位关系)，分析实验结果，得出结论。

(3)将实验测量值分别与理论计算值进行比较，分析误差原因。

(4)结合整体测试结果和试听结果，分析是否满足设计要求。

(5)记录在整个调试过程中和试听中所遇到的问题，以及解决的方法。

(6)总结实验收获与体会。

七、思考题

(1)通常，功率放大器也有电压增益，功率放大器的电压放大倍数和电压放大器的电压放大倍数计算方法有无差别？

(2)能否通过改变反馈量来改变功放电路的输出功率？

火警报警电路的设计

一、实验目的

(1)掌握火警报警电路的工作原理及设计方法。

(2)了解继电器、发光二极管和蜂鸣器具体性能的测定及测量方法。

(3)了解稳压三极管的稳压作用。

二、设计任务

火灾发生时，必然会伴随着烟雾、高温和火光的产生，探测器对此十分敏感。当有烟雾、高温、火光产生的时候，它就改变平时的正常状态，引起电流、电压或机械部分发生变化或位移，再通过放大、传输等过程，发出报警声，有的还能同时发出灯光信号，并显示发生火灾的位置。由于实验器材与实际操作限制，本课程设计选择以热敏电阻为感应器的感温型探测器。

三、实验原理

图 2.5.1 所示为火警报警电路原理图。其下部为报警信号电路，上部为热敏感应电路。闭合开关 S 后，正常状态下无反应。当有火灾发生时，热敏电阻感应高温后温度上升，电阻急剧下降，电路电流通过三极管放大作用急速上升，当电流达到反应临界强度范围内时，继电器闭合，报警信号电路接通，警铃响起，警示灯明亮指示火灾位置。

注意：为使感应电路具有较高灵敏度与可靠性，必须使感应电路电流在一定温度范围内有较大的变化，可根据具体情况拓展热敏电阻部分，如串并联可变电阻或热敏电阻等。

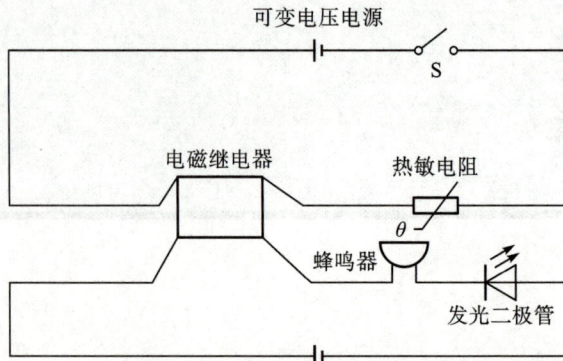

图 2.5.1　火警报警电路原理图

1. 实验器材

可变 30 V 直流电源两台，热敏温度传感器一台，NTC 热敏电阻一支，连接线若干，伏特表、毫安表、变阻器、发光二极管、蜂鸣器、继电器各一个。其中继电器、发光二极管和蜂鸣器具体性能待测。

2. 实验数据测试

1) 热敏电阻的温阻曲线测定

热敏电阻的温阻特性曲线是决定电路结构的重要根据之一。使用温度传感器测量 35 ℃至 70 ℃的对应阻值，每隔 5 ℃记录一次。使用温度传感器自带的 1 mA 恒流电源，测定电路如图 2.5.2 所示。

热敏温度传感器
（内附电压表与电流表）

图 2.5.2　测定电路

将测定所得数据填入表 2.5.1。

表 2.5.1 实验数据表

$T/℃$	U/V	I/A	R/Ω

注：$R=U/I$。

2)继电器、发光二极管和蜂鸣器具体性能测定

若实验室未配置实验可用的继电器、发光二极管和蜂鸣器，须购买并测定相应器件。实验前，对该型号继电器的工作原理及其使用方法有所了解。常用的应用型继电器如图 2.5.3 所示，其中①～⑤为五个接线柱。

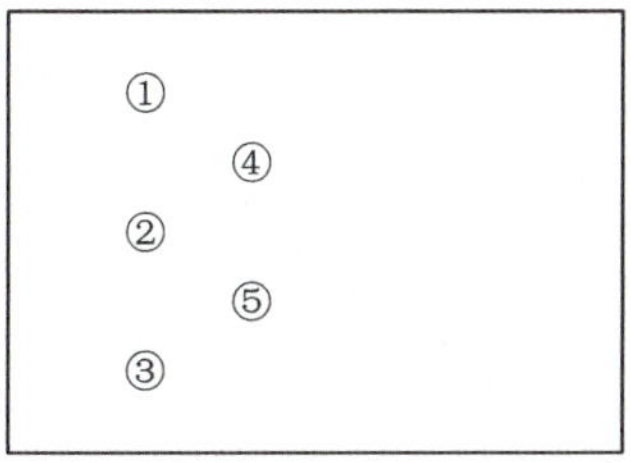

图 2.5.3 应用型继电器

①和③为感应电路接线柱，②④⑤为报警信号电路接线柱；④为 NC（NOT CLOSE）接线柱，⑤为 NO（NOT OPEN）接线柱。若②④组合接入报警信号电路，则初始时继电器为闭合状态，达到临界电压时继电器断开，为"闭合—打开"模式；若②⑤组合接入报警信号电路，则初始时继电器为断开状态，达到临界电压时继电器闭合，为"打开—闭合"模式。前者适用于保险电路，本实验中选择后者。

继电器的标示临界工作电压为 6 V，实测为 4 V。将继电器与热敏电阻串联，考虑分压时可视为纯电阻，为保障其在电路中的稳定性，须用伏安法测定其伏安曲线，测定电路如图 2.5.4 所示。

图 2.5.4　测定电路

将实测数据填入表2.5.2。

表 2.5.2　实验数据表 2

U/V	I/A	R/Ω

$U=4.05$ V时继电器开关闭合。绘得伏安曲线如图2.5.5所示。

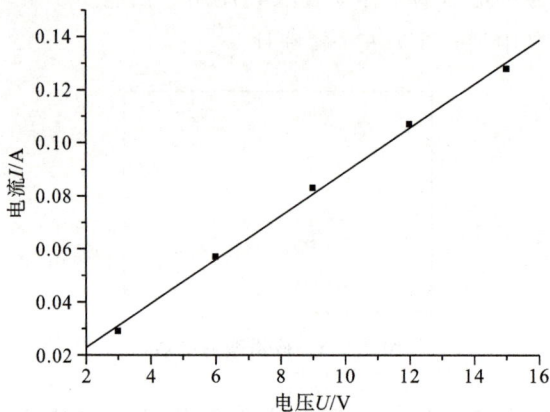

图 2.5.5　伏安曲线

　　分析可知，在3～6 V时继电器电阻变化极小(仅2.6％)，伏安曲线近似为直线，可以认为在$U=4$ V时，继电器阻值不变，可视为纯电阻。发光二极管工作电压为0～2 V，亮度在该范围内与电压正相关；蜂鸣器工作电压为0～5 V，响度在该范围内与电压正相关。

　　由于发光二极管对电压极为灵敏，容易烧坏，故须对该局部电路进行电压范围的测定，而0～30 V旋钮式可变直流电源极为合适。将二极管与蜂鸣器串联接入电源，缓慢调节电源输出电压，至 6 V 时二极管接近最大亮度，用万用表测得其两端电压为 2 V，蜂鸣器两端为 4 V，响度较大。

3）对完整实验电路的分析及报警温度范围的确定

实际火灾报警电路会用到起放大电流作用的三极管，而鉴于其放大系数较高（通常为几十到几百倍）和客观限制，且本模拟实验中电磁继电器与报警时热敏电阻阻值相差不大，所以可以不使用。

实际应用中的火灾报警器报警温度多为 70～90 ℃，本次模拟实验将报警温度预设为 60～70 ℃，由热敏电阻的温阻曲线可得 65 ℃时其阻值为 226 Ω；由继电器伏安曲线可读出，分压 4 V 时其阻值约为 104 Ω，为计算方便，不妨预设热敏电阻阻值为 208Ω，从温阻曲线读出此时对应温度约为 67～68℃，符合预设报警温度范围。再由欧姆定律计算得此时热敏电阻分压为 8 V，感应电路总电压为 12 V。

四、实验注意事项

（1）实验器件（如二极管）对电压极为敏感，因此要缓慢调节电压。

（2）由于电阻发热，实验时间应尽量缩短，以减小误差。

（3）实验前电源要归零。

五、实验流程

（1）按图 2.5.1 连接完整实验电路。

（2）打开温度感受器，设置加热温度上限为 70 ℃，开始加热。

（3）打开感应电路直流电源，调节输出电压为 12 V。

（4）打开报警电路直流电源，调节输出电压为 6 V。

（5）等待温度上升至临界报警温度，以检验实验是否成功。

实验发现当温度感受器显示为（　　　　　）时，继电器开关闭合，蜂鸣器响起，发光二极管明亮，符合 60～70 ℃的报警温度范围，报警工作完成。

六、实验分析

（1）实验报警温度为（　　　　），与预设相差约（　　　　），主要误差来源有：

①客观读数造成的系统误差；

②热敏电阻的实际温度与显示温度的差别，包括电阻自身发热带来的温度误差；

③继电器自身的工作电压的不稳定性，以及长时间发热导致自身阻值改变等。

（2）此实验为火灾报警的基本原理模拟，在此实验中选择了可变电压，通过调节电压值来达到预警条件，在实际生活中，则不可能刚好有此电压，因此我们可在电路中安装一个变阻器，随时调节所需电压值。

(3)关于继电器电阻随温度的变化，本实验通过加大其电压进行了模拟，如在 30 V 时，其电阻也不大于 140 Ω，用手触摸可以感觉到其温度较高。报警一般要求较长时间，加上热敏电阻的阻值会随温度上升而下降，继电器的电压将会更高，所以必须考虑到继电器的发热抗热能力。

七、实验报告要求

(1)根据火警报警电路的工作原理，画出设计的实验电路图。
(2)记录数据，完成热敏电阻的温阻曲线测定。
(3)完成继电器、发光二极管和蜂鸣器具体性能测定。
(4)说明稳压三极管的稳压作用。
(5)撰写个人心得。

八、思考题

(1)电磁式继电器有什么特点？
(2)稳压三极管的工作原理是什么？
(3)稳压二极管的工作原理是什么？

第三部分

数字电子技术基础实验

TTL 基本门电路功能测试

集成芯片被称为电子产品的心脏，更被喻为国家的"工业粮食"。一个国家制造芯片的技术，在某种程度上代表了该国的信息技术水平。全国五一劳动奖章获得者，杭州国芯首席技术专家梁骏，二十年如一日，带领团队在芯片"卡脖子"的关键技术上攻坚克难。他用 3 年的时间突破了 $0.18\ \mu m$ 芯片设计的难点，又用 10 年的时间全面掌握了 40 nm 的关键技术；2020 年，一举突破 22 nm 的技术关口，掌握了从 $0.18\ \mu m$ 到 22 nm 各类集成电路工艺的设计能力。

一、实验目的

（1）熟悉集成电路芯片的外形、引脚排列及其功能标识。

（2）熟悉 TTL 基本逻辑门电路功能的测试方法。

（3）了解 TTL 与非门组成其他逻辑门的方法。

（4）了解三态门的逻辑功能。

二、实验仪器与器材

数字电路实验箱、数字示波器、台式万用表、与非门 74LS00、或非门 74LS02、与门 74LS08、或门 74LS32、异或门 74LS86、三态门 74LS125。

三、实验原理

1. TTL 集成电路芯片简介

三极管-三极管逻辑电路简称 TTL 电路。数字电子技术实验中所用到的 TTL 集成电路芯片都是双列直插式，其引脚排列规则如图 3.1.1 所示。芯片管脚的识别方法：正对集成电路型号（如 74LS00）或看标记（左边的缺口或小圆点标记），从左下角开始按逆时针方向以 1，2，3……依次排列到最后一个管脚（在左上角）。在标准型 TTL 集成电路芯片中，一般情况下，电源端 V_{cc}（＋5 V）在左上端，地线端 GND 在右下端。如

74LS00 为 14 个管脚集成电路芯片，第 14 个管脚为 V_{cc}，第 7 个管脚为 GND。在门电路集成芯片中，输入端一般用 A，B，C，D，……表示，输出端用 Y 表示。如一块集成电路芯片集成了几个相同的门电路时，在其输入、输出端的功能标号前（或后）标上相应的序号。如 74LS00 为四 - 2 输入与非门电路，1A、1B 为第一个与非门的输入端，1Y 为该门电路的输出端；2A、2B 为第二个与非门的输入端，2Y 为该门电路输出端，依次类推。若集成芯片管脚上的功能标号为"NC"（Not Connected），表示该管脚是空管脚，集成芯片的空管脚没有任何用途，只是限于封装形式，该引脚必须存在，在实践连线中此管脚是不需要进行线路连接的。

图 3.1.1　引脚排列规则

2. 门电路逻辑功能测试方法

基本逻辑运算有与、或、非运算，相应的基本逻辑门有与、或、非门。目前已有门类齐全的集成门电路芯片，如与非门、或非门、与或非门、异或门等。门电路逻辑功能的测试方法有以下两种。

（1）静态测试法：给门电路输入端加固定的高（H）、低（L）电平。用示波器、万用表或发光二极管（LED）观察门电路的输出响应。

（2）动态测试法：给门电路输入端加连续的脉冲信号，用示波器观测输入波形与输出波形的同步相位关系。

四、实验内容及步骤

1. 验证 TTL 与非门的逻辑功能

验证 TTL 与非门的逻辑功能（可用集成电路芯片四 - 2 输入与非门 74LS00 中任意一个与非门），其逻辑符号如图 3.1.2 所示。

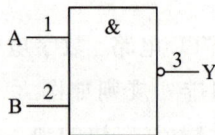

图 3.1.2　与非门

（1）A 悬空，B 分别接＋5 V 或 0 V，测量输出 Y 的电压值并观察 Y 的逻辑状态。

（2）A 接地，重复 B 的变化，测量输出 Y 的电压值并观察 Y 的逻辑状态。

（3）A 悬空，B 输入单次脉冲，用显示灯观察输出 Y 的变化并记录。

（4）整理记录，填写实验表格，写出逻辑关系式。

2. 其他逻辑门功能验证

按照图 3.1.3 将与门 74LS08、或门 74LS32、或非门 74LS02、异或门 74LS86 的输入端分别接高、低电平，测量输出 Y 的电压值及观察 Y 的逻辑状态。整理记录，填写实验表格，写出逻辑关系式。

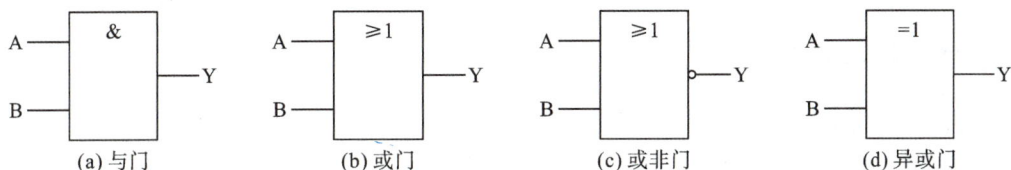

图 3.1.3 其他逻辑门

3. 用与非门组成或门电路

与非的逻辑表达式为 $Y = \overline{AB}$，或的逻辑表达式为 $Y = A + B$，根据德摩根定理，可以用与非的逻辑关系表达成 $Y = \overline{\overline{A} + \overline{B}} = \overline{\overline{A}\ \overline{B}} = \overline{\overline{AA} \cdot \overline{BB}}$。

（1）画出用与非门组成的或门电路图。

（2）按照画出的电路图连接好电路，在电路的输入端 A 和 B 上分别输入相应的逻辑电平，观察输出端 Y 的逻辑状态，填写实验表格，写出逻辑关系式。

4. 利用与非门控制输出

按图 3.1.4 及图 3.1.5 接线，S 端接任一电平开关，A 端接 $f = 1$ kHz 连续方波脉冲，改变 S 端电平，用示波器观察 Y 与 A 的波形关系，填写实验表格。

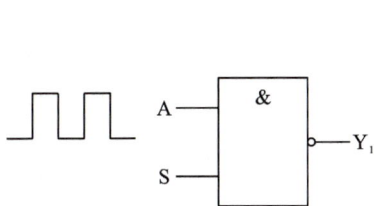

图 3.1.4 利用与非门控制输出(1)　　图 3.1.5 利用与非门控制输出(2)

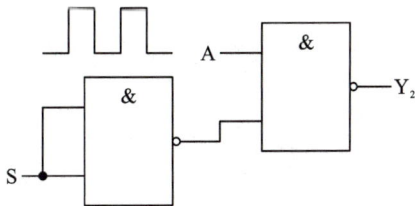

5. 三态门的逻辑功能测试

将三态门(74LS125)与非门(74LS04)按图 3.1.6 连线，输入端 A、B、G 分别接输入开关，改变控制端 G 和输入信号 A、B 的状态，观察输出状态，填写实验表格。

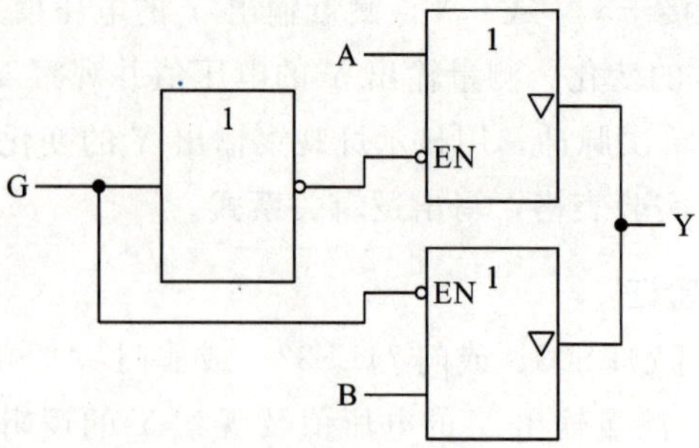

图 3.1.6　三态门功能测试

五、实验报告要求

(1)整理测试结果。

(2)填写思考题的答案。

六、思考题

(1)与门、或门、或非门、异或门分别在什么输入情况下，输出低电平？在什么情况下，输出高电平？

(2)TTL 门电路器件中输入端悬空相当于给输入端输入的是什么逻辑状态？

(3)当与非门的一个输入端接连续脉冲时，其余的输入端是什么逻辑状态，脉冲可以通过吗？脉冲通过时，输入和输出波形有何差别？其余的输入端是什么逻辑状态时，不允许脉冲通过，此时输出端是什么状态？

(4)三态门的典型应用有哪些？

实验名称：TTL 基本门电路功能测试

学生姓名：　　　　　　班级：　　　　　　学号：

实验日期：　　　　　　　　　　　成绩：

一、实验目的

二、实验原理

将实验所用芯片管脚图绘制在下方。

三、实验设备

四、实验记录

(1)按照"实验内容及步骤"的内容填写表 3.1.1 至表 3.1.8。

表 3.1.1　与非门 74LS00 的逻辑功能

A	B	Y(逻辑状态)	Y(电压值)
悬空	+5 V		
	GND		
GND	+5 V		
	GND		
逻辑关系式 Y=			

表 3.1.2　与门 74LS08 的逻辑功能

输入		输出	
A	B	Y(逻辑状态)	Y(电压值)
0	0		
0	1		
1	0		
1	1		
逻辑关系式 Y=			

表 3.1.3　或门 74LS32 的逻辑功能

输入		输出	
A	B	Y(逻辑状态)	Y(电压值)
0	0		
0	1		
1	0		
1	1		
逻辑关系式 Y=			

表 3.1.4　或非门 74LS02 逻辑功能

输入		输出	
A	B	Y(逻辑状态)	Y(电压值)
0	0		
0	1		
1	0		
1	1		
逻辑关系式 Y=			

表 3.1.5　异或门 74LS86 逻辑功能

输入		输出	
A	B	Y(逻辑状态)	Y(电压值)
0	0		
0	1		
1	0		
1	1		
逻辑关系式 Y＝			

(2)用与非门组成或门电路。

①或的逻辑表达式为 Y＝A＋B，根据德摩根定理，可以用与非的逻辑关系表达成 Y＝＿＿＿＿＿＿＿＿＿＿＿＿＿。

②画出用与非门组成的或门电路图。

③验证所设计电路的结果，填写下表。

表 3.1.6　设计电路的结果

输入		输出
A	B	Y(逻辑状态)
0	0	
0	1	
1	0	
1	1	
逻辑关系式 Y＝		

④利用与非门控制输出。

表 3.1.7　用与非门控制输出

A端输入波形	S	Y	Y端输出波形
	S=0	$Y_1=$	
	S=1	$Y_1=$	
	S=0	$Y_2=$	
	S=1	$Y_2=$	

⑤三态门的逻辑功能测试。

表 3.1.8　测试三态门的逻辑功能

输入			输出		表达式
G	A	B	Y(逻辑状态)	Y(电压值)	$Y=$
0	0	1			
0	1	0			
1	0	1			
1	1	0			

五、思考题

将思考题答案写在对应题号下方。

（1）

（2）

（3）

（4）

教师签名：

一、实验目的

(1)了解 TTL 与非门各参数的意义。

(2)掌握 TTL 与非门主要参数的测试方法。

(3)掌握 TTL 与非门电压传输特性的测试方法。

二、实验仪器与器材

数字电路实验箱、数字示波器、台式万用表、74LS00、74LS04。

三、实验原理

集成电路是一种微型电子器件或部件,采用一定的工艺,把一个电路中所需的晶体管、电阻、电容和电感等元件及布线互连在一起,制作在一小块或几小块半导体晶片或介质基片上,然后封装在一个管壳内,成为具有所需电路功能的微型结构。其中所有元件在结构上已组成一个整体,使电子元件向着微小型化、低功耗和高可靠性方向前进了一大步。集成电路在电路中用字母 IC 表示。集成电路具有体积小、重量轻、引出线和焊接点少、寿命长、可靠性高、性能好等优点,同时其成本低,便于大规模生产。目前,应用最广的集成门电路是 TTL 和 CMOS 这两类。TTL 门电路的工作速度高,输出幅度大,带载能力强,其工作电源电压为 5 V±5%。应用范围很广泛。

目前,数字电路中仍然经常需要使用大量的逻辑门,如与门、非门、或门、与非门、或非门等。以与非门为例,电路中使用的与非门应能满足设计要求,以保证电路可靠、稳定地工作。但与非门的性能指标在制造过程中就已经确定了,无法对它的参数进行调整。因此,在使用前对它进行严格挑选是十分必要的。挑选的程序之一,便是对其进行各种参数测试。本实验以与非门 74LS00 为例来说明 TTL 各项技术参数。

(1)空载导通电源电流 I_{CCL}:输入端全部悬空(相当于输入端全为 1),与非门处于导通状态时,电源提供的电流。

（2）空载截止电源电流 I_{CCH}：输入端接低电平，输出端开路时电源提供的电流。

（3）输入短路电流 I_{is}：又称低电平输入短路电流，它是与非门的一个重要参数，因为输入端电流就是前级门电路的负载电流，其大小直接影响前级电路带动的负载个数，因此，应对每个输入端进行测试。

（4）电压传输特性：输出电压随输入电压变化的关系曲线 $V_o\text{-}F(V_i)$。

（5）传输延迟时间 T_{PD}：输出电压波形滞后于输入电压波形的时间。

（6）扇出系数 N_o：指输出端最多能带同类门的个数，它反映了与非门的最大负载能力。

$$N_o = \frac{I_{omax}}{I_{is}} \tag{3.2.1}$$

其中，I_{omax} 为 $V_o \leqslant 0.35\ \mathrm{V}$ 时允许灌入的最大灌入负载电流，I_{is} 为输入短路电流。

四、实验内容及步骤

（1）按图 3.2.1 接好电路，用台式万用表测量 I_{CCL}、I_{CCH}、I_{is}，并记录数据，填写实验表格。

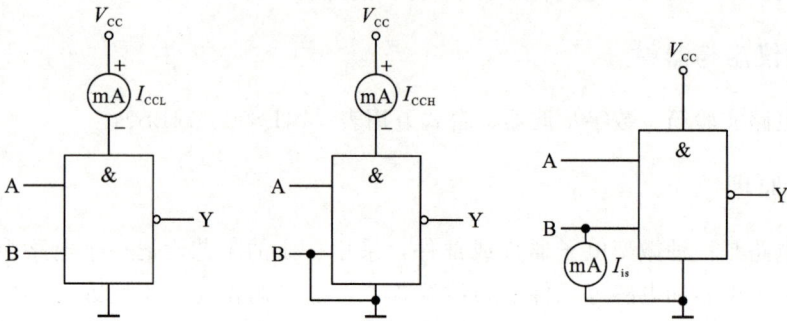

图 3.2.1　与非门参数测试电器

（2）按图 3.2.2 接好电路。利用电位器 $R_w = 1\ \mathrm{k\Omega}$ 调节输入电压 U_i，用台式万用表按实验表格的要求逐点测量输入 U_i 电压和输出电压 U_o，将结果记入实验表格，再根据实测数据绘出电压传输特性曲线。在电压传输特性曲线上标注出线性区、饱和区、截止区。

(3)扇出系数 $N_\circ$ 的测量。

按图 3.2.3 接好电路，调整电位器的值，使输出电压 $U_\circ = 0.35$ V，测出此时的负载电流 I_{omax}，它就是允许灌入的最大负载电流，根据式 3.2.1 即可算出 $N_\circ$。

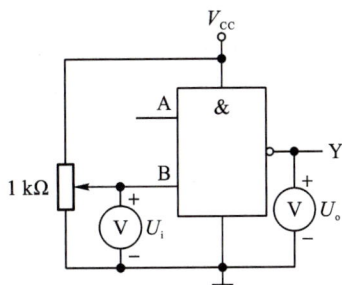

图 3.2.2　TTL 门电路电压传输特性测试电路

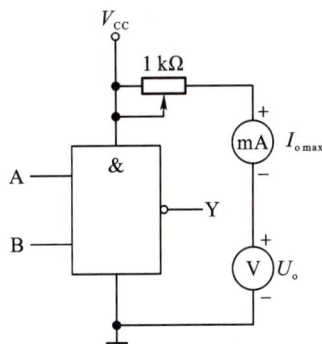

图 3.2.3　TTL 门电路扇出系数测量电路

(4)传输延迟时间的测量。

将 74LS04 按图 3.2.4 接线，输入端 A 输入 $f = 1$ kHz 的连续脉冲，用数字示波器测量输入、输出的延迟时间，计算每个门平均传输延迟时间。

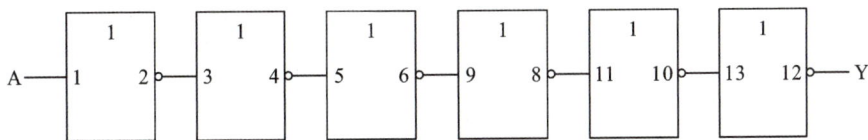

图 3.2.4　TTL 门路传输延迟时间测量电路

五、实验报告要求

(1)整理测试结果。

(2)回答思考题。

六、思考题

测量扇出系数的原理是什么？

实验名称：TTL 与非门参数测试

学生姓名： 班级： 学号：

实验日期： 成绩：

一、实验目的

二、实验原理

绘制实验所用芯片管脚图。

三、实验设备

四、实验记录

(1)按照"实验内容及步骤"中的内容填写表 3.2.1 至表 3.2.2。

表 3.2.1 台式万用表测 I_{CCL}、I_{CCH}、I_{is}

I_{CCL}	I_{CCH}	I_{is}

表 3.2.2　TTL 与非门电压传输特性数据测量

U_i/V	0.2	0.5	0.7	0.8	1.0	1.1	1.2	1.3	1.4	1.5
U_o/V										
U_i/V	1.7	1.8	1.9	2.0	2.5	3.0	3.5	4.0	4.5	5.0
U_o/V										

（2）在下方绘出电压传输特性曲线并标注出线性区、饱和区、截止区。

（3）按照图 3.2.3 连接并测量当 $V_o=0.35$ V 时的负载电流 $I_{omax}=$ _____，根据式 3.2.1，求得 $N_o=$ _____。

（4）逻辑门传输延迟时间的测量。

将 74LS04 按图 3.2.4 接线，输入 1 kHz 连续脉冲，用数字示波器测量输入与输出延迟时间为_____，每个门平均传输延迟时间为_____。

五、思考题

将思考题答案写在下方。

教师签名：

实验三
CMOS 或非门参数测试

邓中翰，1968 年 9 月出生，江苏南京人，中国工程院院士，我国微电子学、大规模集成电路设计技术专家，1992 年本科毕业于中国科技大学。2005 年，邓中翰领导开发设计出的"星光"系列数字多媒体芯片，实现了八大核心技术突破，申请了该领域2000 多项中国国内外技术专利，取得了核心技术突破和大规模产业化等一系列重要成果，这是具有中国自主知识产权的集成电路芯片第一次在一个重要应用领域达到全球市场领先地位，结束了中国"无芯"的历史 。邓中翰是中国大规模集成电路及系统技术主要开拓者之一，邓中翰在"星光中国芯工程"中做出了突出成就，被业界称为"中国芯之父"。

一、实验目的

(1)熟悉 CMOS 电路的特点及其使用方法。

(2)理解 CMOS 门参数的测试原理。

(3)掌握 CMOS 门参数和逻辑功能的测试方法。

二、实验仪器与器材

数字电路实验箱、台式万用表、数字示波器、CMOS 集成电路芯片。

三、实验原理

1. CMOS 集成电路使用注意事项

(1)V_{DD}接电源正极，V_{SS}接电源负极(通常接地)，不得接反。CC4000 系列门电路的电源允许电压在＋3 V～＋18 V，实验中一般选用＋5 V～＋15 V。

(2)不使用的输入端不能悬空，按照逻辑要求，直接接 V_{DD} 或 V_{SS}。输入端不可悬空的原则适用于各种情况，如包装、运输等。即使在印制电路板上，若输入端直接与插座相接，也应加限流电阻和保护电阻。

(3)在工作频率不高的电路中，可以允许输入端并联使用，但最好不要并联，因为并联使用将增加输入端的电容量，降低工作速度。

（4）在变电路连接或插、拔集成电路时，均应切断电源，严禁带电操作。集成电路在未接电源 V_{DD} 以前，不允许加输入信号，否则将导致输入端保护电路中二极管被损坏。

（5）输入时钟脉冲信号的上升和下降时间不宜过长，否则一方面容易造成虚假触发而导致器件失去正常功能，另一方面还会造成大的损耗。

（6）虽然各种 CMOS 输入端有抗静电的保护措施，但仍需小心对待，在存储和运输中最好用金属容器或者导电材料包装，不要放在易产生静电高压的化工材料或化纤织物中。组装、调试时，工具、仪表、工作台等均应良好接地。要防止由操作人员的静电干扰造成损坏，不宜穿尼龙、化纤衣服，手或工具在接触集成芯片前最好先接一下地。对器件引线矫直弯曲或人工焊接时，使用的设备必须良好接地。

（7）输出端不准直接与 V_{DD} 或 V_{SS} 相连，否则将导致器件损坏。

（8）一般情况下不允许集成电路输出端并联。因为不同的集成芯片参数不一致，有可能导致 NMOS 和 PMOS 同时导通，形成大电流。但为了增加驱动能力，同一集成芯片上的输出端允许并联。输出端接有大电容时，在输出端与电容之间可串联一个电阻，以限制电容的充、放电电流。

在电路接线时，外围元器件应尽量靠近所连引脚，引线应尽量短。避免使用平行的长引线，以防引入较大的分布电容形成振荡，破坏 CMOS 集成电路中的保护二极管。若输入端有长引线和大电容，应在靠近 CMOS 集成电路输入端接入一个限流电阻。

2. CMOS 集成电路与 TTL 集成电路的特点

TTL 集成电路与 CMOS 集成电路两者的最大区别是它们的工作原理。TTL 为双极晶体管构成（双极性电路），其优点是适合高速操作，缺点是功耗较大且易受温度波动影响。CMOS 由场效应管构成（单极性电路），具有低功耗性和阻止静态漏电流的能力，但其工作速度稍慢。TTL 电路是电流控制器件，而 CMOS 电路是电压控制器件。TTL 只能在 +5 V 及以下电压电源工作，COMS 的逻辑电平范围比较大（5～15 V），CMOS 的高低电平之间相差比较大、抗干扰性强，TTL 则相差小、抗干扰能力差。CMOS 的工作频率较 TTL 略低，但是高速 CMOS 速度与 TTL 相当；CMOS 的噪声容限比 TTL 噪声容限大。

3. CMOS 或非门各项技术参数

（1）输出高电平 V_{oH} 和输出低电平 V_{oL}。

输出高电平 V_{oH} 是指在一定的电源电压下，输入端接 V_{DD} 时，输出端开路时的输出电平。输出低电平 V_{oL} 是指在一定的电源电压下，输入端接地 V_{SS} 时，输出端开路时的输出电平。

（2）开门电平 V_{ON} 和关门电平 V_{OFF}。

开门电平 V_{ON} 是指输出由高电平转换为临界低电平（一般取 $0.1 V_{DD}$），所需要的最小输入高电平。关门电平 V_{OFF} 是指输出由低电平转换为临界高电平(一般取 $0.9\ V_{DD}$),所需要的最大输入低电平。

(3)CMOS 器件传输特性与 TTL 传输特性相同。

(4)传输延迟时间 T_{PD} 是指输出电压波形滞后于输入电压波形的时间。

输入信号从上升边沿的 $0.5\ V_{max}$ 点到输出信号下降边沿的 $0.5\ V_{max}$ 点之间的时间间隔。

四、实验步骤及内容

(1)验证 CMOS 或非门的逻辑功能,如图 3.3.1 所示。

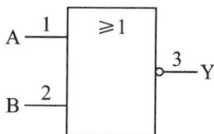

图.3.1 CMOS 或非门

(2)按图 3.3.2 接好电路,测量 V_{oH}、V_{oL} 并记录结果。

(3)按图 3.3.3 接好电路,测量传输特性,用测量出的数据画出特性曲线图,并从曲线中读出 V_{ON}、V_{OFF}、V_{oH}、V_{oL} 等参数的值。

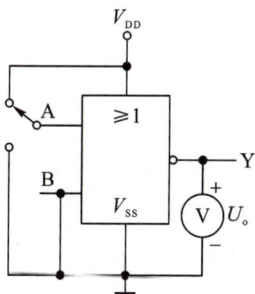

图 3.3.2 CMOS 门电路参数测量电路

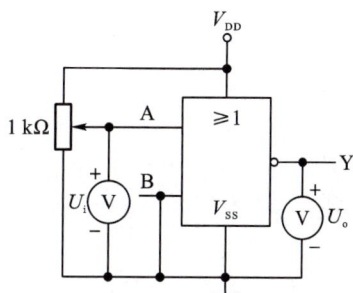

图 3.3.3 CMOS 电路电压传输参数测量电路

(4)测试电源电压的影响。将 V_{DD} 依次调至 5 V、10 V、15 V,观察电路的逻辑功能及输出高电平 V_{oH} 的值。

(5)传输延迟时间的测量,用 1 片 CD4069 按图 3.3.4 接线,输入 1 kHz 连续脉冲,用数字示波器测量输入、输出波形的延迟时间,计算每个门平均传输延迟时间 T_{pd}。

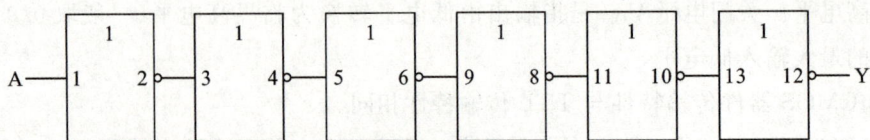

图 3.3.4　CMOS 门电路传输延迟时间测量电路

五、实验报告要求

(1)整理实验数据，画出有关曲线并填写表格。

(2)由传输特性，确定 V_{ON}、V_{OFF}、V_{oH}、V_{oL}，比较 CMOS 集成电路和 TTL 集成电路的静态特性。

六、思考题

(1)CMOS 器件与一般 TTL 器件相比有什么特点？

(2)在什么场合下选用 CMOS 器件？

实验名称：CMOS 或非门参数测试

学生姓名： 班级： 学号：

实验日期： 成绩：

一、实验目的

二、实验原理

将实验所用芯片管脚图绘制在下方。

三、实验设备

四、实验记录

(1)按照"实验内容及步骤"中的内容填写表 3.3.1 至表 3.3.4。

表 3.3.1　或非门逻辑功能测试

输入		输出	
A	B	Y(逻辑状态)	Y(电压值)
0	0		
0	1		
1	0		
1	1		
逻辑关系式 Y＝			

表 3.3.2　U_{oH}、U_{oL} 测量结果

U_{oH}	U_{oL}

表 3.3.3　CMOS 或非门电压传输特性数据测量 U_{ON}、V_{OFF}、V_{oH}、V_{oL} 的值

U_{ON}	U_{OFF}	U_{oH}	U_{oL}

将特性曲线图绘制在下方。

表 3.3.4　电源电压对输出的影响

$V_{DD}=5$ V			$V_{DD}=10$ V			$V_{DD}=15$ V		
A	B	Y(电压值)	A	B	Y(电压值)	A	B	Y(电压值)
$U_{oH}=$			$U_{oH}=$			$U_{oH}=$		

（2）求出 $T_{pd}=$ _____ 。

五、思考题

将思考题答案与在对应题号下。

(1)

(2)

教师签名：

组合逻辑电路的设计

一、实验目的

(1)掌握组合逻辑电路的设计方法。

(2)用实验验证所设计电路的逻辑功能。

二、实验仪器与器材

数字电路实验箱，台式万用表，74LS00、74LS86、74LS04、74LS20。

三、实验原理

根据给出的实际逻辑问题，求出实现这一逻辑功能的最简单逻辑电路，这就是设计组合逻辑电路时要完成的工作。

组合逻辑电路设计有以下几个步骤：

(1)确定输入输出变量，对输入输出进行"0""1"逻辑状态赋值。

(2)根据给定的因果关系，列出逻辑真值表。

(3)把真值表转换成逻辑函数式。根据实验设计题目规定小规模集成门电路或者具体电路的要求，在使用小规模集成的门电路进行设计时，为获得最简单的设计结果，应将函数式化成最简形式。在使用中规模集成的常用组合逻辑电路设计电路时，需要将函数式变换为适当的形式，以便能用最少的器件和最简单的连线接成所要求的逻辑电路。

(4)根据化简或变换后的逻辑函数式，画出逻辑电路的连接图，至此，原理性设计(逻辑设计)完成。

组合电路的冒险现象是一个重要问题。在设计组合电路时，应该考虑可能产生的冒险现象，以便采取保护措施，保证电路的正常工作。

四、实验内容及步骤

(1)用最少的与非门设计一个半加器。

半加器：将两个输入数据位相加，输出一个结果位和进位的加法电路。

①写出真值表，对逻辑函数式进行化简及变换，写出最终逻辑表达式，并画出电路图。

②测试所设计电路的逻辑功能，按照实验报告要求整理实验数据及实验电路图。

(2)设计一个全加器，要求用最少的与非门和异或门组成。（选做）

全加器：在将两个多位二进制数相加时，除了最低位以外，每一位都应考虑来自低位的进位。全加器是以加数、被加数和低位进位数为输入，和数、进位数为输出的加法电路。

①写出真值表，对逻辑函数式进行化简及变换，写出最终逻辑表达式，并画出电路图。

②测试所设计电路的逻辑功能，按照实验报告要求整理实验数据及实验电路图。

(3)设计一个对两位无符号的二进制数进行比较的电路。根据第一个数是否大于、等于、小于第二个数，使相应的两个输出端中的一个输出为"1"，要求用与非门实现。

①写出真值表，对逻辑函数式进行化简及变换，写出最终逻辑表达式，并画出电路图。

②测试所设计电路的逻辑功能，按照实验报告要求整理实验数据及实验电路图。

(4)设计一个判决电路。某举重比赛有三个裁判，一个主裁判，两个副裁判，只有两个以上裁判(其中必须有主裁判)裁定成功时，表示"成功"的灯才亮。试用与非门设计电路实现该功能。

①写出真值表，对逻辑函数式进行化简及变换，写出最终逻辑表达式，并画出电路图。

②测试所设计电路的逻辑功能，按照实验报告要求整理实验数据及实验电路图。

(5)用异或门设计一个控制开关。

它们同时控制一盏照明灯，要求每层楼都能控制这盏照明灯的亮和灭（至少三层楼）。

①写出真值表，对逻辑函数式进行化简及变换，写出最终逻辑表达式，并画出电路图。

②测试所设计电路的逻辑功能，按照实验报告要求整理实验数据及实验电路图。

(6)用与非门和非门设计一个 2 线-4 线译码器。（选做）

当输入端 $A_0 = 0$，$A_1 = 0$ 时，输出端 B_0 输出 1，其余输出端 B_1、B_2、B_3，输出为 0；当输入端 $A_0 = 1$，$A_1 = 0$ 时，输出端 B_1 输出 1，其余输出端 B_0、B_2、B_3，输出为 0；当输入端 $A_0 = 0$，$A_1 = 1$ 时，输出端 B_2 输出 1，其余输出端 B_0、B_1、B_3，输出为

0；当输入端 $A_0=1$，$A_1=1$ 时，输出端 B_3 输出 1，其余输出端 B_0、B_1、B_2，输出为 0。

①写出真值表，对逻辑函数式进行化简及变换，写出最终逻辑表达式，并画出电路图。

②测试所设计电路的逻辑功能，按照实验报告要求整理实验数据及实验电路图。

(7)人类有四种基本血型——A、B、AB 和 O。其中 O 型血的人可以给任意血型的人输血，而他自己只能接受 O 型血；AB 型血的人可以接受任意血型，但他只能给 AB 型血的人输血；A 型血的人能给 A 型或 AB 型血的人输血，可以接受 A 型血或 O 型血；B 型血的人能给 B 型或 AB 型血的人输血，可以接受 B 型血或 O 型血。其逻辑示意图如图 3.4.1 所示。试用与非门设计一个检验输血者与受血者的血型在符合规定时，电路输出为"1"的血型检验电路。（选做）

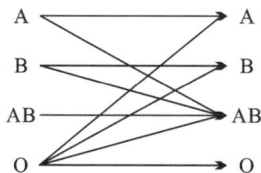

图 3.4.1　血型图

①写出真值表，对逻辑函数式进行化简及变换，写出最终逻辑表达式，并画出电路图。

②测试所设计电路的逻辑功能，按照实验报告要求整理实验数据及实验电路图。

(8)奇偶校验电路的设计。（选做）

用一个 3 线-8 线译码器和最少的门电路设计一个奇偶校验电路，要求当输入的 4 个变量中有偶数个 1 时输出为 1，否则为 0。

①写出真值表，对逻辑函数式进行化简及变换，写出最终逻辑表达式，并画出电路图。

②测试所设计电路的逻辑功能，按照实验报告要求整理实验数据及实验电路图。

(9)设计路口信号灯故障报警电路。（选做）

定义红灯、黄灯、绿灯的状态为输入量，分别用 A、B、C 表示，并规定灯亮时为 1，不亮时为 0。取故障信号为输出变量，用 Y 表示。并规定正常工作状态下 Y 为 0，发生故障时 Y 为 1。试用与非门实现电路。

①写出真值表，对逻辑函数式进行化简及变换，写出最终逻辑表达式，并画出电路图。

②测试所设计电路的逻辑功能，按照实验报告要求整理实验数据及实验电路图。

五、实验报告要求

按照组合逻辑电路设计步骤写出真值表，按照所规定的器件，变化或化简逻辑表达式，整理实验数据并画出实验电路图。

六、思考题

(1)当有影响电路正常工作的冒险现象出现时，应怎样消除？

(2)通过具体的设计体验后，你认为组合逻辑电路设计的关键点或关键步骤是什么？

实验名称：**组合逻辑电路的设计**

学生姓名：　　　　　班级：　　　　　　　学号：

实验日期：　　　　　　　　　　　　　　成绩：

一、实验目的

二、实验原理

(1)将组合逻辑电路设计步骤写在下方。

(2)将实验所用芯片管脚图绘制在下方。

三、实验设备

四、实验记录

(1)试用最少的与非门设计一个半加器。

①根据题意写出逻辑表达式(包含化简及转换过程)：

$S_n = $ ＿＿＿＿＿＿＿＿＿＿＿＿＿＿＿＿＿＿＿＿＿＿＿＿＿＿

②将逻辑电路图绘制在下方。

③测试所设计电路的逻辑功能，并将测试结果填入表 3.4.1。

表 3.4.1　逻辑功能，并测试结果

输入		输出
A	B	S_n（和）
0	0	
0	1	
1	0	
1	1	

(2)设计一个对两位无符号的二进制数进行比较的电路。

①根据题意写出逻辑表达式(包含化简及转换过程)：

$Y_1 = $ ＿＿＿＿＿＿＿＿＿＿＿＿＿＿

$Y_2 = $ ＿＿＿＿＿＿＿＿＿＿＿＿＿＿

②将逻辑电路图绘制在下方。

③测试所设计电路的逻辑功能,并将测试结果填入表 3.4.2。

表 3.4.2　逻辑功能测试结果②

输入		输出		说明
A	B	Y_1	Y_2	
0	0			
0	1			
1	0			
1	1			

(3)设计一个判决电路。

①根据题意写出逻辑表达式(包含化简及转换过程):

Y＝_____

②将逻辑电路图绘制在下方。

③测试所设计电路的逻辑功能,并将测试结果填入表 3.4.3。

表 3.4.3　逻辑功能测试结果③

输入	输出

(4)用异或门设计一个控制开关。

①根据题意写出逻辑表达式(包含化简及转换过程):

Y＝_____

②将逻辑电路图绘制在下方。

③测试所设计电路的逻辑功能，并将测试结果填入表 3.4.4。

表 3.4.4　逻辑功能测试结果

输入	输出

五、思考题

将思考题答案写在对应序号下。

（1）

（2）

教师签名：

组合逻辑电路及应用

吴德馨，女，1936 年 12 月 20 日出生于河北乐亭县，半导体器件和集成电路专家，中国科学院学部委员，中国科学院微电子所研究员。吴德馨在国内率先提出了利用 MEMS(micro - electromechanical system，微型电机－机电系统)结构实现激光器和光纤的无源耦合，并研究成功工作速率达 10 Gbps 的光发射模块。其中"先进的深亚微米工艺技术及新型器件"获 2003 年北京市科学技术一等奖。独立自主开发成功全套 0.8 μm CMOS 工艺技术，获 1998 年中国科学院科技进步一等奖和 1999 年国家科技进步奖二等奖。

一、实验目的

(1)验证几种组合电路的逻辑功能。

(2)掌握各种逻辑门的应用。

二、实验仪器与器材

数字电路实验箱、74LS139、74LS153、74LS32、74LS04、74LS20。

三、实验原理

在数字电路中常用的组合电路，如全加器、全减器、数值比较器、编码器、译码器、数据选择器及码制变换器等组合电路都有典型集成器件产品。本实验涉及全加器、译码器、数据选择器。

(1)全加器：在将两个多位二进制数相加时，除了最低位以外，每一位都应该考虑来自低位的进位，即将两个对应位的加数和来自低位的进位 3 个数相加，这种运算称为全加，所用的电路称为全加器。

(2)译码器：译码器的逻辑功能是将每个输入的二进制代码译成对应的输出高、低电平信号。

(3)数据选择器：在数字信号的传输过程中，有时需要从一组输入数据中选出某一个来，这时就需要数据选择器(或称为多路开关)的逻辑电路。

四、实验内容及步骤

1. 双 2 线-4 线译码器基本应用

按图 3.5.1 测试双 2 线-4 线译码器(74LS139)的基本应用，EN'、A_0、A_1 输入端分别接高、低电平(EN'为低电平有效)，改变输入状态，观察输出状态，整理记录，填写实验表格。

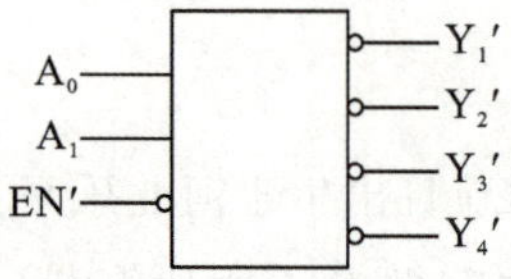

图 3.5.1　译码器电路图形符号

2. 译码器的级联应用

用 74LS139 中两个 2 线-4 线译码器组成一个 3 线-8 线译码器电路，如图 3.5.2 所示，输入端 A、B、C 接逻辑开关，输出端 $Y_1 \sim Y_8$ 接发光二极管，改变输入信号的状态，整理记录，填写实验表格。

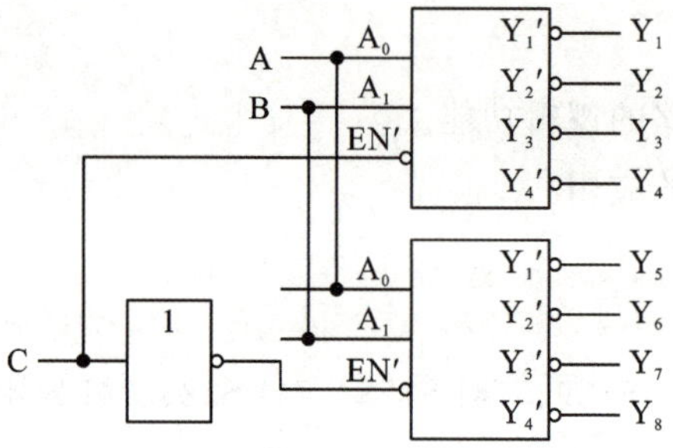

图 3.5.2　译码器级联应用电路图

3. 用双 2 线-4 线译码器 74LS139 和多输入与非门 74LS20 组成全加器

按图 3.5.3 连接电路，组成全加器电路，A、B、C_{i-1} 为输入端(其中 A、B 为两个加数，C_{i-1} 为低位向高位的进位)，改变输入状态，观察全加器的输出 S_i 及 C_i 状态，验证电路是否实现了全加功能。整理实验记录，填写实验表格。

图 3.5.3　全加器电路图

4. 数据选择器的基本应用

按图 3.5.4 测试数据选择器(74LS153)的基本应用，将 EN'、A_0、A_1 输入端分别接高、低电平(EN' 为低电平有效)，$D_1 \sim D_4$ 四个数据端节逻辑输入开关，改变输入状态，观察输出状态，整理实验记录，填写实验表格。

图 3.5.4　数据选择器基本应用电路图

5. 数据选择器级联应用

用集成双 4 选 1 数据选择器 74LS153 按图 3.5.5 连接电路，输入端 EN'、A_1、A_2 和 $D_1 \sim D_8$ 接逻辑开关，输出端 Y 接发光二极管，改变 A_2、A_1、A_0 和输入 $D_1 \sim D_8$ 的状态，观察输出状态，整理实验记录，填写实验表格。

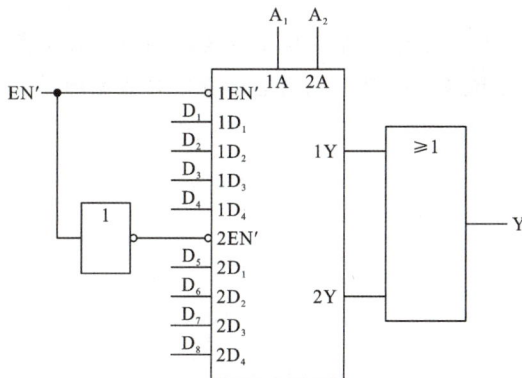

图 3.5.5　数据选择器级联应用电路图

6. 数据选择器构成全加器

用集成双 4 选 1 数据选择器 74LS153 和六反相器 74LS04 实现组合逻辑电路全加器的电路如图 3.5.6 所示，将 74LS153 的 A_1、A_2 端作为全加器的 1A、2A 输入端，全加器的低位进位 C_{i-1} 从 74LS153 的 D_1、D_4 端输入，两个数据选择器的输出 1Y 和 2Y 分别代表全加器的输出端 S_i 和向高位的进位 C_i。改变输入端的状态，观察输出端的状态是否符合全加器的逻辑功能。

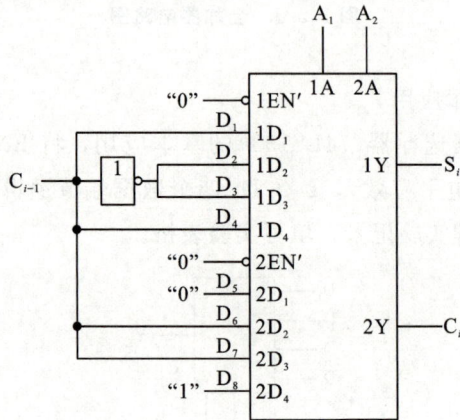

图 3.5.6　全加器电路图

五、实验报告要求

(1)整理测试结果和实验数据，分析实验结果是否与理论值相符。

(2)总结集成译码器、数据选择器级联使用的方法及功能。

六、思考题

(1)分析采用译码器和数据选择器实现组合逻辑函数，在电路上有何特点？

(2)总结数据选择器电路的特点，说明地址变量对数据通道有什么作用。

实验名称：**组合逻辑电路及应用**

学生姓名：　　　　　　班级：　　　　　　学号：

实验日期：　　　　　　　　　　　　　　成绩：

一、实验目的

二、实验原理

将实验所用芯片管脚图绘制在下方。

三、实验设备

四、实验记录

按照"实验内容及步骤"中的内容填写表 3.5.1 至表 3.5.6。

表 3.5.1　2 线 - 4 线译码器基本应用

输入			输出			
EN$'$	A$_1$	A$_0$	Y$_1$	Y$_2$	Y$_3$	Y$_4$
1	$\times$	$\times$				
0	0	0				
0	0	1				
0	1	0				
0	1	1				

表 3.5.2　译码器的级联应用

输入			输出							
C	B	A	Y_1	Y_2	Y_3	Y_4	Y_5	Y_6	Y_7	Y_8
0	0	0								
0	0	1								
0	1	0								
0	1	1								
1	0	0								
1	0	1								
1	1	0								
1	1	1								

表 3.5.3　用 2 线-4 线译码器 74LS139 和多输入与非门 74LS20 组成全加器

输入			输出	
C_{i-1}	B	A	S_i	C_i
0	0	0		
0	0	1		
0	1	0		
0	1	1		
1	0	0		
1	0	1		
1	1	0		
1	1	1		

表 3.5.4　数据选择器的基本应用

输入							输出
EN$'$	A_1	A_0	D_4	D_3	D_2	D_1	Y
1	0	0	0	0	0	0	
0	0	0	0	0	0	0	
0	0	0	0	0	0	1	
0	0	1	0	0	0	0	
0	0	1	1	0	0	0	

续表

输入							输出
0	1	0	0	0	1	0	
0	1	0	0	1	0	0	
0	1	1	0	0	0	0	
0	1	1	1	0	0	0	

表 3.5.5　数据选择器级联应用

输入											输出
EN′	A_1	A_0	D_8	D_7	D_6	D_5	D_4	D_3	D_2	D_1	Y
0	0	0	1	1	1	1	1	1	1	0	
			0	0	0	0	0	0	0	1	
0	0	1	1	1	1	1	1	1	0	1	
			0	0	0	0	0	0	1	0	
0	1	0	1	1	1	1	1	0	1	1	
			0	0	0	0	0	1	0	0	
0	1	1	1	1	1	1	0	1	1	1	
			0	0	0	0	1	0	0	0	
1	0	0	1	1	1	0	1	1	1	1	
			0	0	0	1	0	0	0	0	
1	0	1	1	1	0	1	1	1	1	1	
			0	0	1	0	0	0	0	0	
1	1	0	1	0	1	1	1	1	1	1	
			0	1	0	0	0	0	0	0	
1	1	1	0	1	1	1	1	1	1	1	
			1	0	0	0	0	0	0	0	

表 3.5.6　用数据选择器构成全加器

输入			输出	
C_{i-1}	1A	2A	S_i	C_i
0	0	0		
0	0	1		

输入			输出	
C_{i-1}	1A	2A	S_i	C_i
0	1	0		
0	1	1		
1	0	0		
1	0	1		
1	1	0		
1	1	1		

五、思考题

将思考题答案写在对应序号下方。

(1)

(2)

教师签名：

实验六

触发器

梁孟松，博士毕业于美国加州大学伯克利分校，系电机电子工程师学会院士、中芯国际联合首席执行官。他深耕半导体领域，拥有逾 450 项半导体专利，发表技术论文 350 余篇，代表性发明专利包括"集成电路结构的形成方法""集成电路与其形成方法与电子组件专利"等。2017 年，梁孟松加入中芯国际时，行业主流已迈向 10 nm 制程，中芯尚处于 28 nm 阶段。入职的第一年，他就把 28 nm 制程的良品率从 60% 提高到 85% 以上。进而在 2019 年 6 月开始 14 nm 制程量产，把良品率提升到 95% 以上。

一、实验目的

(1)掌握基本 RS、JK、D 触发器及 T 触发器的逻辑功能。

(2)学习触发器逻辑功能的测试方法。

(3)熟悉各种触发器之间的相互转换方法。

二、实验仪器与器材

数字电路实验箱、数字示波器、D 触发器 74LS74、JK 触发器 74LS76、与非门 74LS00。

三、实验原理

在各种复杂的数字电路中，不但需要对二进制信号进行算术运算和逻辑运算，还经常需要将这些信号和运算结果保存起来。为此，需要使用具有记忆功能的基本逻辑单元。能够储存 1 位二进制信号的基本单元电路统称为触发器。触发器是存放二进制信息的基本单位，是构成时序电路的主要元件。触发器具有两种稳定状态，即"0"状态（$Q=0$，$Q'=1$）和"1"状态（$Q=1$，$Q'=0$）。在时钟脉冲的作用下，根据输入信号的不同，触发器可具有置"0"、置"1"、保持和翻转等不同功能。根据电路结构形式的不同，可以将它们分为基本 RS 触发器、同步 RS 触发器、主从触发器、维持阻塞触发器、CMOS 边沿触发器等。这些不同的电路结构在状态变化过程中具有不同的动作特点，掌握这些动作特点对于正确使用这些触发器是十分必要的。由于控制方式的不同(即信号的输入方式以及触发器状态随输入信号变化的规律不同),触发器的逻辑功能在细节上又有所不同。因此又根据触发器逻辑功能的不同分为 RS 触发器、JK 触发器、T 触发器、D 触发器等几种类型。此外,根据存储数据的原理不同,还把触发器分成静态触发器和动态触发器两大类。静态触发器是靠电路状态的自锁存储数据的,而动态触发器是通过在 MOS 管栅极输入电容上存储电荷来暂存数据的。

四、实验内容及步骤

1. 基本 RS 触发器

(1)选用两个输入端与非门 74LS00,按图 3.6.1 接成基本 RS 触发器,将 R′、S′分别接在电平控制开关上,Q 和 Q′分别接在发光二极管上。

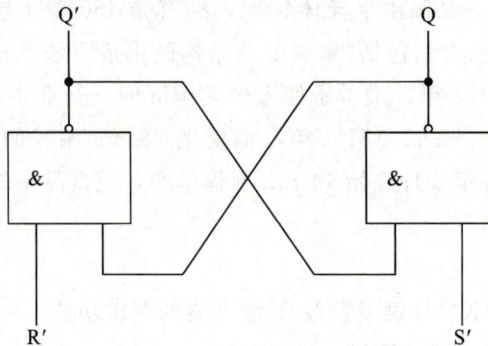

图 3.6.1   基本 RS 触发器电路结构

(2)改变 R′、S′的逻辑状态,实现触发器"0"置"1",观察相应的输出状态,并将观察结果填入实验表格。

(3)验证触发器的"不定状态",使 R′和 S′置"0"或置"1",重复多次。注意观察,可以发现,当 R′=0,S′=0 时,两支发光二极管都亮,即 Q=Q′=1。但当 R′和 S′都由"0"变为"1"时,哪一支二极管亮,哪一支二极管不亮,其出现的情况是不可预测的。

2. D 触发器

(1)置位端和复位端的功能测试。

将双上升沿 D 触发器 74LS74 中的一个触发器的 R′$_D$ 和 S′$_D$ 分别接高低电平,D 及 CP(CLK)处于任意状态,测试 R′$_D$ 和 S′$_D$ 的功能,将测试结果填入实验表格。

(2)逻辑功能测试。

按要求测试 D 触发器的逻辑功能并将结果记录在实验表格中。根据实验结果,写出逻辑表达式。

(3)CP 端接连续脉冲 $f=1\ \text{kHz}$,触发器接为计数状态,即 Q′与 D 相连,观察输出波形与 CP(CLK)波形并记录，注意比较两个波形之间的相位对应关系。

3. JK 触发器

(1)置位端和复位端的功能测试。

将 JK 触发器 74LS76 中的一个触发器 R'_D 和 S'_D 分别接高低电平，CP(CLK)端、J 端、K 端均为任意状态，测试 JK 触发器的输出状态，并将结果填入实验表格。

(2)逻辑功能测试。

将 JK 触发器的 CP 端接在手动单次脉冲信号源上，并利用 R'_D 和 S'_D 端将触发器置"0"或"1"。从 CP(CLK)端手动输入单次脉冲，J 端和 K 端的逻辑状态如表中给出的状态，测试输出端 Q 的逻辑状态，并将结果记录于实验表格中。根据实验结果，写出逻辑表达式。

(3)CP 端接连续脉冲 $f=1\ \text{kHz}$，J 端和 K 端悬空，观察并记录输出波形和 CP(CLK)波形，比较两者之间的相位关系。

4. T 触发器

将 JK 触发器接成 T 触发器（J＝K＝T），CP(CLK)端输入脉冲信号，观察输入和输出的波形，注意其相互关系。

五、实验报告要求

(1)整理实验中测试、观察到的结果。
(2)比较各种类型触发器的触发方式有什么不同。

六、思考题

(1)如何迅速判断 JK 触发器的 J、K 各端的好坏？
(2)如何迅速判断 D 触发器各端的好坏？
(3)RS 触发器为什么不允许出现两个输入同时为零的情况？

实验名称：**触发器**

学生姓名： 班级： 学号：

实验日期： 成绩：

一、实验目的

二、实验原理

将实验所用芯片管脚图绘制在下方。

三、实验设备

四、实验记录

按照"实验内容及步骤"中的内容填写表 3.6.1 至表 3.6.5

表 3.6.1　基本 RS 触发器

R'	S'	Q	Q'	触发器状态
0	1			
1	0			
1	1			
0	0			

表 3.6.2　置位端和复位端的功能测试(D 触发器)

R'_D	S'_D	Q	Q'
0	1		
1	0		

表 3.6.3　逻辑功能测试(D 触发器)

D	Q	CP(CLK)	Q*
0	0	↑	
	1	↑	
1	0	↑	
	1	↑	

D 触发器逻辑表达式:_____。

请在下方画出波形对比图。

表 3.6.4　置位端和复位端的功能测试(JK 触发器)

R'_D	S'_D	Q	Q'
0	1		
1	0		

表 3.6.5　逻辑功能测试(JK 触发器)

J	K	Q	CP(CLK)	Q*
0	0	0	↓	
		1	↓	
0	1	0	↓	
		1	↓	
1	0	0	↓	
		1	↓	
1	1	0	↓	
		1	↓	

JK 触发器逻辑表达式：＿＿＿＿＿＿＿＿＿＿＿＿＿＿＿＿＿＿＿＿＿ 。

请在下方画出波形对比图。

五、思考题

将思考题答案写在对应题号下。

(1)

(2)

(3)

教师签名：

一、实验目的

(1)掌握移位寄存器的工作原理及其应用。

(2)熟悉 D 触发器组成的移位寄存器的逻辑功能和实现各种移位功能的方法。

(3)熟悉中规模集成移位寄存器的逻辑功能和实现各种移位功能的方法。

二、实验仪器与器材

数字电路实验箱、数字示波器、74LS74、74LS194。

三、实验原理

在数字电路中，用来存放二进制数据或代码的电路称为寄存器。寄存器是由具有存储功能的触发器组合起来构成的。一个触发器可以存储一位二进制代码，存放 N 位二进制代码的寄存器，需用 N 个触发器来构成。寄存器按功能可分为基本寄存器和移位寄存器。移位寄存器不仅可以寄存信息代码，而且可以实现数码的左移和右移，从而实现串行和并行之间的转换及数据运算、数据处理，还可以构成移位寄存器型计数器。移位寄存器是一种由触发器链型连接组成的同步时序电路，每一个触发器的输出连到下一级触发器的控制输入，所有触发器共用一个时钟脉冲源。移位寄存器中的数据可以在移位脉冲作用下依次逐位右移或左移，数据既可以并行输入、并行输出，也可以串行输入、串行输出，还可以并行输入、串行输出，串行输入、并行输出，十分灵活，用途也很广。由四个 D 触发器组成的移位寄存器如图 3.7.1 所示。

四、实验内容及步骤

1. 用 D 触发器组成的移位寄存器

用图 3.7.1 所示的移位寄存器完成下列功能：

(1)清零：清除原寄存器中的数码（$R_D' = 0$）。

(2)移位：在 $R_D' = 1$ 的状态下给输入端 D 输入 4 组 4 位二进制数 1111、1010、0101、0110，从串行输出端 Q_4 观察输出结果，整理记录，填写实验表格。注意：要求在每组数据输入前进行清零。

(3)存数、取数：在 $R_D' = 1$ 的状态下采用从输入端 D 串行输入 4 组 4 位二进制数 1010、0011、0100、1111 的方式，把数保存在寄存器中，然后从并行输出端 Q_1、Q_2、Q_3、Q_4 观察输出结果。整理记录，填写实验表格。注意：要求在每组数据输入前进行清零。

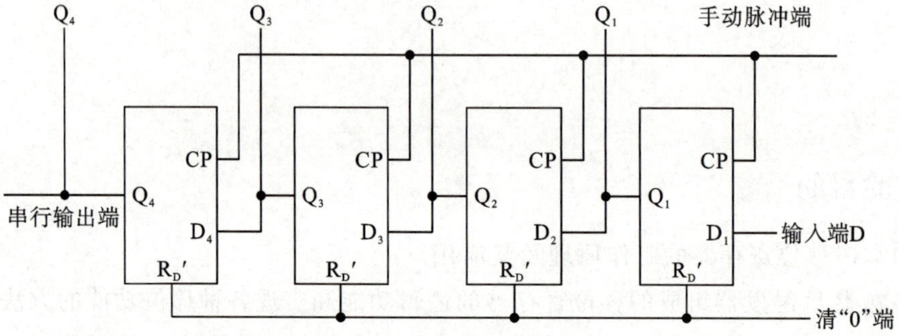

图 3.7.1　移位寄存器电路图

2. 中规模集成移位寄存器的功能及应用

中规模集成移位寄存器的种类很多，74LS194 是最常用的。74LS194 是 4 位双向移位寄存器，具有左移、右移、并行置数和保持的功能，电路图如图 3.7.2 所示。图中 CR′为清零端，D_0、D_1、D_2、D_3 为并行数据输入端，Q_0、Q_1、Q_2、Q_3 为寄存器输出端，SR 为右移串行数据输入端，SL 为左移串行数据输入端，M_1、M_2 为功能控制端，CP 为时钟脉冲输入端。74LS194 的逻辑功能见表 3.7.1，当 CR′＝0 时，异步清零；当 CR′＝1 时，移位寄存器在功能控制端（M1、M2）与 CP 脉冲的配合下，实现左移、右移、并行置数和保持的功能。

表 3.7.1　74LS194 的逻辑功能

CR′	M_2	M_1	CP	功能
0	×	×	×	异步清除
1	0	0	↑	保持
1	0	1	↑	右移
1	1	0	↑	左移
1	1	1	↑	并行置数

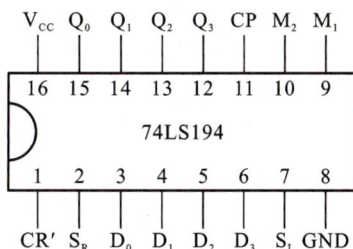

图 3.7.2　寄存器 74LS194 管脚图

用 74LS194 完成以下实验内容：

(1)清零：当 $CR' = 0$ 时，移位寄存器清零。整理实验记录，填写实验表格。

(2)串入并出。

让 74LS194 工作在右移或右移状态，经过 4 个移位脉冲 CP 的作用，可串行输入 4 位二进制数据代码，由寄存器的 Q_0、Q_1、Q_2、Q_3 并行输出，即实现了串入并出。整理实验记录，填写实验表格。

(3)并入并出。

让 74LS194 工作在并行置数状态，在 CP 的作用下，可将并行数据输入端的 4 位数据 D_0、D_1、D_2、D_3 并行输入寄存器，由寄存器的 Q_0、Q_1、Q_2、Q_3 并行输出，即实现了并入并出。整理实验记录，填写实验表格。

(4)移位寄存器保持功能。

清零后，先按并行置数功能操作，送入一组 4 位二进制数据 1010，再进行保持功能操作。整理实验记录，填写实验表格。

五、实验报告要求

(1)按要求画出实验电路图，记录测试数据。

(2)分析实验结果和实验现象。

(3)谈谈排除故障的过程。

六、问题及思考题

(1)74LS194 的清除操作是同步操作还是异步操作？与移位脉冲有无关系？

(2)移位寄存器有哪些具体应用？

(3)如何用 74LS194 构成 8 分频？

实验名称：移位寄存器

学生姓名： 班级： 学号：

实验日期： 成绩：

一、实验目的

二、实验原理

将实验所用芯片管脚图绘制在下方。

三、实验设备

四、实验记录

按照"实验内容及步骤"中的内容填写表 3.7.1 至表 3.7.6。

表 3.7.1　移位寄存器移位功能测试

输入 D	时钟脉冲 CP	串行输出 Q	输入 D	时钟脉冲 CP	串行输出 Q
1	↑		1	↑	
1	↑		0	↑	
1	↑		1	↑	

输入 D	时钟脉冲 CP	串行输出 Q	输入	时钟脉冲 CP	串行输出 Q
1	↑ ↑ ↑ ↑		0	↑ ↑ ↑ ↑	
0 1 0 1	↑ ↑ ↑ ↑ ↑ ↑		0 1 0 1	↑ ↑ ↑ ↑ ↑ ↑	

表 3.7.2 移位寄存数、取数功能测试

输入		输出初态				输出次态			
D	CP	Q_1	Q_2	Q_3	Q_4	Q_1^*	Q_2^*	Q_3^*	Q_4^*
1 0 1 0	↑ ↑ ↑ ↑								
0 0 1 1	↑ ↑ ↑ ↑								
0 1 0 0	↑ ↑ ↑ ↑								
1 1 1 1	↑ ↑ ↑ ↑								

表 3.7.3　移位寄存器清零功能测试

输入										输出			
CR'	M_2	M_1	CP	SR	SL	D_0	D_1	D_2	D_3	Q_0	Q_1	Q_2	Q_3
0	×	×	×	×	×	×	×	×	×				

表 3.7.4　移位寄存器存数、取数功能测试

输入						输出							
CR'	M_2	M_1	SR	SL	CP	Q_0	Q_1	Q_2	Q_3	$Q_0{}^*$	$Q_1{}^*$	$Q_2{}^*$	$Q_3{}^*$
0	×	×	×	×	×								
1	0	1	1	×	↑								
1	0	1	0	×	↑								
1	0	1	1	×	↑								
1	0	1	0	×	↑								
0	×	×	×	×	×								
1	1	0	×	0	↑								
1	1	0	×	1	↑								
1	1	0	×	0	↑								
1	1	0	×	1	↑								

表 3.7.5　移位寄存器并行置数功能测试

输入						输出							
CR'	M_2	M_1	SR	SL	D_0	D_1	D_2	D_3	CP	Q_0	Q_1	Q_2	Q_3
0	×	×	×	×	×	×	×	×	×				
1	1	1	×	×	0	0	0	0	↑				
1	1	1	×	×	1	1	1	1	↑				
1	1	1	×	×	0	1	1	0	↑				
1	1	1	×	×	1	0	0	1	↑				

表 3.7.6 移位寄存器保持功能测试

输入							输出							
CR'	M_2	M_1	D_0	D_1	D_2	D_3	CP	Q_0	Q_1	Q_2	Q_3	Q_0^*	Q_1^*	Q_2^*	Q_3^*
0	0	0	1	1	1	1	↑								
1	1	1	1	0	1	0	↑								
1	0	0	0	1	0	1	↑								

五、思考题

将思考题答案写在对应序号下方。

(1)

(2)

(3)

教师签名：

一、实验目的

(1)掌握集成计数器的逻辑功能及使用方法。

(2)学会应用集成计数器。

(3)掌握任意进制计数器的设计方法。

二、实验仪器与器材

数字电路实验箱、数字示波器、74LS90、74LS192。

三、实验原理

计数是一种最简单基本的运算，计数器就是实现这种运算的逻辑电路。计数器在数字系统中主要是对脉冲的个数进行计数，以实现测量、计数和控制的功能，同时兼有分频功能。计数器由基本的计数单元和一些控制门组成，计数单元由一系列具有存储信息功能的各类触发器构成，这些触发器有 RS 触发器、T 触发器、D 触发器及 JK 触发器等。计数器是数字系统中应用最广泛的时序电路，不仅能用于计数，还可用于分频、定时，以及组成各种检测电路和控制电路。如在电子计算机的控制器中对指令地址进行计数，以便顺序取出下一条指令，在运算器中作乘法、除法运算时记下加法、减法次数；又如在数字仪器中对脉冲的计数等。计数器具有累计脉冲个数、定时、分频、执行数字运算等逻辑功能。为了使用方便，在有些单片集成计数器上还附加了异步置零、预置数、保持等功能，并设置了相应的控制端。

计数器种类繁多，分类方法也有多种。如果按照计数器中的触发器是否同时翻转进行分类，可将计数器分为同步计数器和异步计数器两种。

(1)同步计数器：计数脉冲同时加到所有触发器的时钟信号输入端，使应翻转的触发器同时翻转的计数器，称作同步计数器。

(2)异步计数器：计数脉冲只加到部分触发器的时钟脉冲输入端上，而其他触发器的触发信号则由电路内部提供，应翻转的触发器状态更新有先有后的计数器，称作异步计数器。

如果按照计数过程中数字增减分类，又可将计数器分为加法计数器、减法计数器和可逆计数器。

(1)加法计数器：随着计数脉冲的输入作递增计数的电路称作加法计数器。

(2)减法计数器：随着计数脉冲的输入作递减计数的电路称作减法计数器。

(3)可逆计数器：随着计数脉冲的输入可增可减的电路叫做可逆计数器。

四、实验内容及步骤

1. 同步计数器

74LS192 是同步十进制可逆计数器，它由四个主从 T 触发器和一些门电路组成。具有双时钟输入、清零、保持、并行置数、加计数、减计数等功能。管脚示意图如图 3.8.1所示，功能表如表 3.8.1 所示。

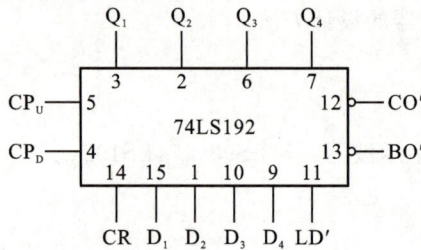

图 3.8.1 74LS192 管脚图

图 3.8.1中：CR 是清零端，高电平有效；CP_U 是递加计数脉冲输入端；CP_D 是递减计数脉冲输入端；LD' 是置数控制端；CO' 为进位输出（1001 状态后负脉冲输出），BO' 为借位输出（0000 状态后负脉冲输出）。

表 3.8.1 74LS192 功能表

输入								输出			
CR	LD'	CP_U	CP_D	D_1	D_2	D_3	D_4	Q_1	Q_2	Q_3	Q_4
1	×	×	×	×	×	×	×	0	0	0	0
0	0	×	×	a	b	c	d	a	b	c	d
0	1	↑	1	×	×	×	×	加计数			
0	1	1	↓	×	×	×	×	减计数			

用同步十进制可逆计数器 74LS192 完成以下实验内容：

(1)清零、并行输入功能测试，整理记录，填写实验表格。

（2）加计数功能测试。CP_U 接单次脉冲或 1 Hz 的连续脉冲，观察计数器的四个输出端状态，整理记录，填写实验表格。

（3）减计数功能测试。CP_D 接单次脉冲或 1 Hz 的连续脉冲，观察计数器的四个输出端的状态，整理记录，填写实验表格。

（4）用 74LS192 设计出一个八进制计数器。用 74LS192 和 74LS00 构成八进制计数器，并测试其逻辑功能，观察 Q_4 与计数脉冲的关系，整理记录，填写实验表格。

2. 异步计数器

74LS90 是二-五-十进制异步计数器，它由四个 JK 触发器和一些门电路组成。主体电路由两部分组成，第一部分是一个二进制计数器，CP_a 是它的计数输入端，Q_1 是输出端；第二部分是一个异步五进制计数器，CP_b 是计数脉冲输入端，Q_2、Q_3、Q_4 是输出端。为了便于将计数器预置成 0000 和 1001，电路设置了 R_1、R_2 为直接置"0"端，S_1、S_2 为直接置"9"端。74LS90 功能见表 3.8.2。

表 3.8.2　74LS90 功能表

输入				输出			
R_1	R_2	S_1	S_2	Q_1	Q_2	Q_3	Q_4
1	1	0	×	0	0	0	0
1	1	×	0	0	0	0	0
×	×	1	1	1	0	0	1
×	0	×	0	计数			
0	×	0	×	计数			
0	×	×	0	计数			
×	0	0	×	计数			

用 74LS90 完成以下实验内容：

（1）清零。使各计数器处在 Q 为 0，Q' 为 1 的"0"状态（R_1、R_2 同时为高电平）。

（2）十进制加法计数。按图 3.8.2 连线，CP_a 加单脉冲。观察 Q_1、Q_2、Q_3、Q_4 指示灯的状态，整理记录，填写实验表格。

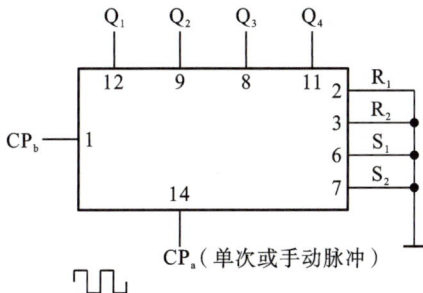

图 3.8.2　十进制加法计数电路

(3)分频。CP_a加连续的 1 kHz 脉冲。用数字示波器观察 CP_a 波形与 Q_1、Q_2、Q_3、Q_4 的波形的相位关系，整理并记录波形。

(4)用 74LS90 完成六进制的设计。根据计数器的功能表，将计数器设计成一个六进制的计数器，画出设计图，将测试结果整理记录，并用数字示波器观察 CP_a 波形与 Q_1、Q_2、Q_3 的波形的相位关系，整理并记录波形。

五、实验报告要求

(1)记录实验数据。

(2)绘出波形图(要绘出一个计数周期的波形)，并加以分析。

(3)画出设计图，并用文字说明设计思路。

六、思考题

如何用 74LS90 构成四进制计数器及八进制计数器？

实验名称：集成计数器的应用与设计

学生姓名：　　　　　　班级：　　　　　　　　学号：

实验日期：　　　　　　　　　　　　　　　　成绩：

一、实验目的

二、实验原理

将实验所用芯片管脚图绘制在下方。

三、实验设备

四、实验记录

按照"实验内容及步骤"的内容填写下面的内容。

1. 同步计数器

(1)清零、并行输入功能测试，整理记录，填写表 3.8.3。

表 3.8.3　计数器清零、置数功能测试

输入						输出			
CR	LD$'$	D$_1$	D$_2$	D$_3$	D$_4$	Q$_1$	Q$_2$	Q$_3$	Q$_4$
1	×	1	1	1	1				
0	0	1	0	1	0				

（2）加计数功能测试，整理记录，填写表 3.8.4。

表 3.8.4　加计数功能测试

输入				输出			
CR	LD′	CP_U	CP_D	Q_1	Q_2	Q_3	Q_4
1	×	×	×				
0	1	↑	1				
0	1	↑	1				
0	1	↑	1				
0	1	↑	1				
0	1	↑	1				
0	1	↑	1				
0	1	↑	1				
0	1	↑	1				
0	1	↑	1				
0	1	↑	1				

（3）减计数功能测试，整理记录，填写表 3.8.5。

表 3.8.5　减计数功能测试

输入				输出			
CR	LD	CP_U	CP_D	Q_1	Q_2	Q_3	Q_4
1	×	×	×				
0	1	1	↓				
0	1	1	↓				
0	1	1	↓				
0	1	1	↓				
0	1	1	↓				
0	1	1	↓				
0	1	1	↓				
0	1	1	↓				
0	1	1	↓				
0	1	1	↓				

(4)用74LS192设计出一个八进制加法计数器，整理记录，填写表3.8.6。并绘制电路图在下方。

表 3.8.6　八进制计数器功能测试

输入				输出			
CR	LD$'$	CP$_U$	CP$_D$	Q_1	Q_2	Q_3	Q_4
1	×	×	×				
0	1	↑	1				
0	1	↑	1				
0	1	↑	1				
0	1	↑	1				
0	1	↑	1				
0	1	↑	1				
0	1	↑	1				
0	1	↑	1				

2. 异步计数器

(1)观察 Q_1、Q_2、Q_3、Q_4 指示灯的状态，整理记录，填写表3.8.7。

表 3.8.7　十进制计数器功能测试

计数脉冲	二进制显示			
	Q_1	Q_2	Q_3	Q_4
1				
2				
3				
4				
5				
6				

续表

计数脉冲	二进制显示			
	Q_1	Q_2	Q_3	Q_4
7				
8				
9				
10				

(2)用数字示波器观察 CP_a 波形与 Q_1、Q_2、Q_3、Q_4 的波形的相位关系，并将图绘制在下方。

(3)将计数器设计成一个六进制的计数器，整理数据，填写表 3.8.8。

表 3.8.8 六进制计数器功能测试

计数脉冲	二进制显示			
1	Q_1	Q_2	Q_3	Q_4
2				
3				
4				
5				
6				

(4)根据计数器的功能表，将波形图绘制在下方。

五、思考题

将思考题答案写在下方。

教师签名：

实验九

计数译码和显示

一、实验目的

(1)了解译码器、数码显示器的工作原理和基本使用方法。

(2)掌握计数器、译码器、数码显示器的连接应用。

二、实验仪器与器材

数字电路实验箱、译码器74LS47、共阳极数码显示器、计数器74LS90。

三、实验原理

1. 计数译码显示系统

典型的计数译码显示系统由十进制计数器、BCD4线-七段译码器及七段数码显示器构成，见图3.9.1。计数译码显示系统能将输入的脉冲信号自动记数，然后由计数器输出8421BCD码，再由译码器译成七段数码管所需要的电信号，经由七段数码管显示出用十进制表示的脉冲数。

2. 译码器

在数字测量仪表和各种数字系统中，都需要将数字量直观地显示出来，一方面供人们直接读取测量和运算的结果，另一方面用于监视数字系统的工作情况。因此，数字显示电路是许多数字设备不可缺少的部分。数字显示电路通常由译码器、驱动器和显示器等部分组成，数码显示器是用来显示数字、文字或符号的器件，现在已有多种不同类型的产品，广泛应用于各种数字设备中，目前数码显示器件正朝着小型、低功耗、平面化方向发展。

为了使数码管能将数码所代表的数显示出来，必须将数码经译码器译出，然后经驱动器点亮对应的段。例如，对于8421码的0011状态，对应的十进制数为3，则译码驱动器应使a、b、c、d、g各段点亮。即对应于某一组数码，译码器应有确定的几个输出端有信号输出，这是分段式数码管电路的主要特点。

当二进制数输入七段显示译码器中，经逻辑运算后得到相应的输出信号，该输出信号控制对应七段显示管的开关状态，从而实现不同数码对应的图形显示。每一位数字在七段表示中都有自己的规律和规定，因此需要特定的电路和真值表对其进行解析。

LED 数码管是在译码驱动电路的驱动下工作的，所以在使用时要求配用相应的译码器。常用的译码/驱动器为 74LS47（其输出是低电平有效）和 74LS48（其输出是高电平有效）。

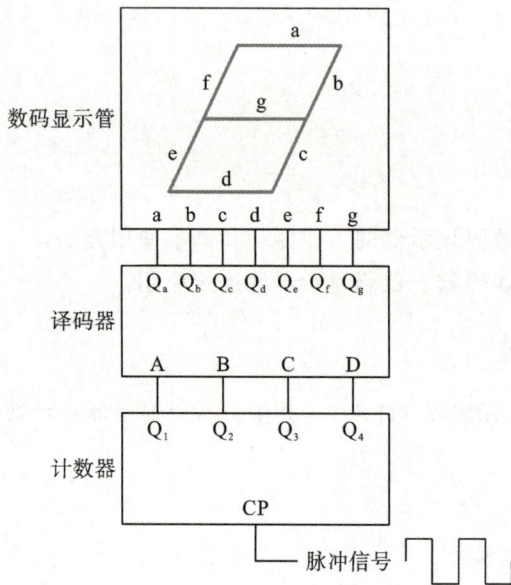

图 3.9.1　计数译码显示系统

3. LED 七段数码管

数码管是一种半导体发光器件，数码管可分为七段数码管和八段数码管，二者的区别在于，八段数码管比七段数码管多一个用于显示小数点的发光二极管单元。数码显示管用发光二极管组成字形来显示数字、文字（主要是拉丁字母）和符号。一般的七段数码管拥有七个发光二极管（三横四纵），用以显示十进制 0 至 9 的数字；八段数码管在七段数码管基础上增加一个发光二极管，可额外显示小数点。

LED 数码显示管有共阴极和共阳极两大类，使用时要求和相应的译码/驱动器相配合。例如共阴极 LED 数码管需要和输出为高电平有效的译码器相配合，共阳极 LED 数码管需要和输出为低电平有效的译码器相配合。共阳极的七段数码管的正极（或阳极）为八个发光二极管的共有正极，其他接点为独立发光二极管的负极（或阴极），使用者只需把正极接电，不同的负极接地就能控制七段数码管显示不同的数字。共阴极的七段数码管与共阳极的只是接驳方法相反而已。

LED 数码管在使用时要注意，必须给每段二极管加上合适的限流电阻。LED 数码显示管在工作时，工作电流一般应为 10 mA，保证数字的亮度适中，且不会损坏器件，当然，也需要根据数码管的使用场所来确定工作电流的大小。在 5～20 mA 电流范围内，数码管都可以正常工作。

四、实验内容及步骤

1. 译码器与显示器的连接应用

(1)按图 3.9.2 接线，其中 A、B、C、D 分别接高低电平，输出端与显示器之间要有外接电阻(470 Ω)。

(2)接通集成电路芯片电源按表给出 A、B、C、D 的逻辑状态，观察 74LS47 的输出端状态和数码管的显示，整理记录，填写实验表格。

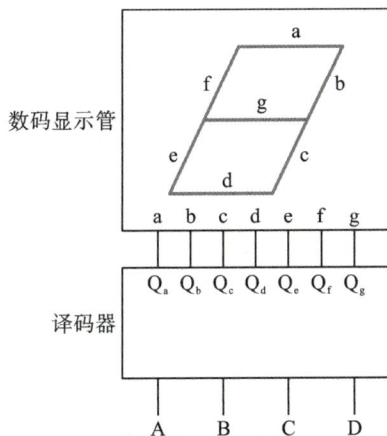

图 3.9.2　译码显示电路

2. 计数、译码、显示的应用

(1)将集成计数器 74LS90 连接成十进制计数器，CP 端接脉冲信号，将计数器的输出端 Q_1、Q_2、Q_3、Q_4 分别对应连在译码器的输入端 A、B、C、D，计数器的 CP_a 连在连续的 1 Hz 的脉冲上，每给一个脉冲信号，观察显示管显示的数据，填写实验表格。

(2)将集成计数器 74LS90 连接成六进制计数器，CP 端接脉冲信号，将计数器的输出端 Q_1、Q_2、Q_3、Q_4 分别对应连在译码器的输入端 A、B、C、D，计数器的 CP_a 连在连续的 1 Hz 的脉冲上，每给一个脉冲信号，观察显示管显示的数据，填写实验表格。

五、实验报告要求

(1)绘出实验电路图。

(2)记录实验结果并完成思考题。

六、思考题

(1)本实验所用的数码显示器是共阳极的还是共阴极的?

(2)用于驱动共阳极数码显示器的译码驱动器,它的输出是高电平有效还是低电平有效? 驱动共阴极的又是如何?

(3)本实验所使用的译码驱动器 74LS47 与通用译码器(例如 74LS138)在功能上有什么区别?

实验名称：计数译码显示电路

学生姓名：　　　　　班级：　　　　　　学号：

实验日期：　　　　　　　　　　　　　　成绩：

一、实验目的

二、实验原理

将实验原理图及所用芯片管脚图绘制在下方。

三、实验设备

四、实验记录

按照"实验内容及步骤"中的内容，填写表 3.9.1 至表 3.9.3。

表 3.9.1　译码显示电路功能测试

BCD 码				二进制码							十进制码
D	C	B	A	a	b	c	d	e	f	g	
0	0	0	0								
0	0	0	1								
0	0	1	0								
0	0	1	1								

续表

BCD 码				二进制码							十进制码
D	C	B	A	a	b	c	d	e	f	g	
0	1	0	0								
0	1	0	1								
0	1	1	0								
0	1	1	1								
1	0	0	0								
1	0	0	1								

表 3.9.2　十进制计数译码显示功能测试

脉冲数	显示的十进制数
1	
2	
3	
4	
5	
6	
7	
8	
9	
10	

表 3.9.3　六进制计数译码显示功能测试

脉冲数	显示的十进制数
1	
2	
3	
4	
5	
6	

五、思考题

将思考题答案写在对应题号下方。

(1)

(2)

(3)

教师签名：

一、实验目的

(1)了解 555 定时器的结构和工作原理。

(2)学习用 555 定时器组成常用几种脉冲发生器。

(3)熟悉用示波器测量 555 电路的脉冲幅度、周期和脉宽的方法。

二、实验仪器与器材

数字电路实验箱、数字示波器、台式万用表、555 定时器、电容、电阻。

三、实验原理

555 定时器是一种集成电路芯片，常被用于定时器、脉冲产生器和振荡电路。555 定时器可被作为电路中的延时器件、触发器或起振元件。

555 定时器可在三种模式下工作：

(1)单稳态模式。在此模式下，555 定时器功能为单次触发。应用范围包括定时器、脉冲丢失检测、反弹跳开关、轻触开关、分频器、电容测量、脉冲宽度调制(PWM)等。

(2)无稳态模式。在此模式下，555 定时器以振荡器的方式工作。这一工作模式下的 555 芯片常被用于频闪灯、脉冲发生器、逻辑电路时钟、音调发生器、脉冲位置调制(PPM)等电路中。如果使用热敏电阻作为定时电阻，555 定时器可构成温度传感器，其输出信号的频率由温度决定。

(3)双稳态模式(又称施密特触发器模式)。在 DIS 引脚空置且不外接电容的情况下，555 定时器的工作方式类似于一个 RS 触发器，可用于构成锁存开关。

555 定时器是一种中规模集成器件，只需在外部连接几个适当的阻容元件，就可以方便地构成多谐振荡器、施密特触发器及单稳态触发器等脉冲发生与变换电路。管脚图如图 3.10.1 所示。

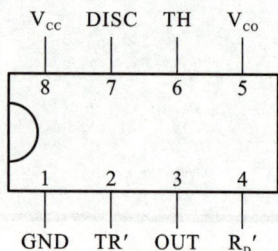

图 3.10.1　555 定时器管脚图

图 3.10.1 中，TH 为高电平触发端；TR′为低电平触发端；R_D' 为复位端；V_{co} 为控制电压端；DISC 为放电端；OUT 为输出端。

1. 555 定时器组成的多谐振荡器

555 定时器组成的多谐振荡器电路如图 3.10.2 所示。图中 R_1、R_2 为外接元件，其输出波形振荡频率为

$$f=\frac{1}{T}=\frac{1}{T_1+T_2}=\frac{1.44}{(R_1+2R_2)C} \tag{3.10.1}$$

$$T_1\approx0.7(R_1+R_2)C \qquad T_2\approx0.7R_2C$$

占空比：

$$q=\frac{T_1}{T_1+T_2}=\frac{R_1+R_2}{(R_1+2R_2)} \tag{3.10.2}$$

当 $R_2\gg R_1$ 时，占空比近似 50%。

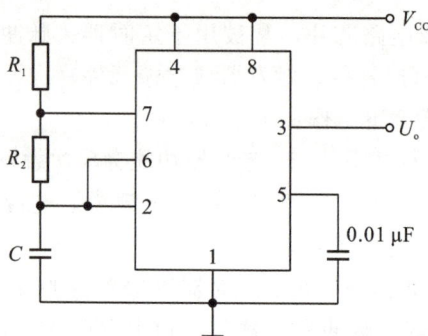

图 3.10.2　555 定时器组成的多谐振荡器电路

2. 555 定时器组成的单稳态触发器电路

555 定时器组成的单稳态触发器电路如图 3.10.3 所示，在输入端加入适当的频率和脉宽信号。输出脉冲的宽度等于暂稳态的持续时间，而暂稳态的持续时间取决于外接电阻和电容的大小，$T_w=RC\cdot\ln3=1.1\,RC$。

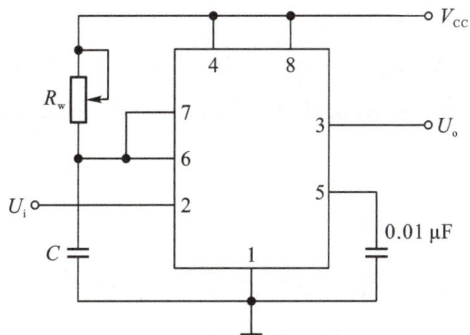

图 3.10.3　555 定时器组成的单稳态触发器电路

3. 用 555 定时器组成的施密特触发器电路

555 定时器组成的施密特触发器电路如图 3.10.4 所示。图中控制端(管脚 5)接一可调直流电压 V_{CO}，其大小改变 555 电路比较器的参考电压，V_{CO} 越大，参考电压值越大，输出的波形宽度越宽。

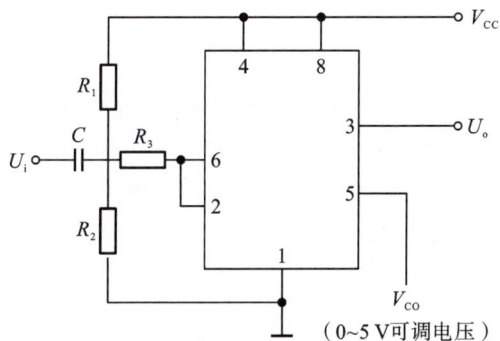

图 3.10.4　555 定时器组成的施密特触发器电路

该施密特触发器电路可方便地把正弦波、三角波变换成方波，其回差电压为

$$\Delta V_T = V_{T+} - V_{T-} = \frac{2}{3} V_{CC} - \frac{1}{3} V_{CC} = \frac{1}{3} V_{CC}$$

改变 V_{CO}，可调节 ΔV_T 值。

四、实验内容及步骤

1. 用 555 定时器组成的多谐振荡器

(1)按图 3.10.2 连接电路。图中各元件可取如下数值：$R_1 = 47~\text{k}\Omega$，$R_2 = 47~\text{k}\Omega$，$C = 0.1~\mu\text{F}$。计算输出频率及输出波形的占空比，整理记录，填写实验表格。

(2)用双踪示波器观察 U_c 及 U_o 的波形，并记录波形。注意相位的对应关系。

2. 用 555 定时器组成单稳态触发器

(1)在图 3.10.3 中，各元器件的参考数值如下，$R_w = 10$ kΩ，$C = 0.33$ μF，U_i 是频率为 10 kHz 的方波信号。用示波器观察 U_i、U_c、U_o 的波形，测量 T_w，并与理论值进行比较。

(2)画出对应的 U_i、U_c、U_o 波形。

3. 用 555 定时器组成的施密特电路

(1)按图 3.10.4 连接电路。各元器件的参考数值如下：$R_1 = 100$ kΩ，$R_2 = 100$ kΩ，$R_3 = 10$ kΩ，$C = 33$ μF，U_i 是频率为 1 kHz 的方波信号。

(2)用示波器同时观察输入信号 U_i 和输出信号 U_o，并记录。

(3)改变控制电压 V_{co}，观测 ΔU_T 值的变化情况。

五、实验报告要求

(1)画出实验电路图和电路波形图，并在波形图上标出幅度和时间。

(2)对测量的数据进行分析。

六、思考题

(1)555 定时器构成的振荡器，其振荡周期和占空比的改变与哪些因素有关？只需改变周期，而不改变占空比应调整哪个元件参数？

(2)在用 555 定时器组成单稳态触发器电路时，想使输出信号的脉宽为 10 s，怎样调整电路？此时各元件的参数值为多少？

实验名称：555 定时器及其应用

学生姓名：　　　　　　班级：　　　　　　　学号：

实验日期：　　　　　　　　　　　　　　　　成绩：

一、实验目的

二、实验原理

将实验所用芯片管脚图绘制在下方。

三、实验设备

四、实验记录

1. 用 555 定时器组成的多谐振荡器

(1)填写表 3.10.1。

表 3.10.1　多谐振荡电路参数测试

频率	占空比
$f=$	$q=$

(2)将波形绘制在下方。

2. 用 555 定时器组成单稳态触发器

(1)填写表 3.10.2。

表 3.10.2 单稳态触发电路参数设计

T_W 理论值	T_W 实测值

(2)画出 U_i、U_c、U_o 对应的波形。

3. 用 555 定时器组成的施密特电路

(1)画出波形。

(2)填写表 3.10.3。

表 3.10.3 施密特参数测试

$V_{CO} = 1$ V	$\Delta U_T =$
$V_{CO} = 2$ V	$\Delta U_T =$
$V_{CO} = 3$ V	$\Delta U_T =$
$V_{CO} = 4$ V	$\Delta U_T =$

五、思考题

将思考题答案写在对应序号下。

(1)

(2)

教师签名：

第四部分

数字电子技术综合
设计性实验

数字电子钟的设计与调试

一、设计指标

(1)数字电子钟以 24 小时为一个计数周期。

(2)数字电子钟具有时、分、秒数字同步显示。

(3)数字电子钟具有校时功能，分别进行时、分、秒的校对。

二、实验原理

数字电子钟由脉冲产生电路，分频器，时、分、秒计数器，译码显示电路，校时电路，整点报时电路等组成。秒脉冲信号关系到整个电子钟系统的时间准确性，精度，一般常用 555 定时器组成的振荡器和分频器来实现。将产生的标准秒脉冲信号用来驱动秒计数器，秒计数器实现 60 进制，每 60 s(秒)发出一个分脉冲信号并清零，分脉冲信号作为分计数器的时钟脉冲。同理，分计数器也采用 60 进制，每 60 min，发出一个时脉冲信号，时脉冲信号作为时计数器的时钟脉冲，时计数器采用 24 进制。译码显示电路通过译码器依次使用 6 个七段 LED 数码管来分别显示出时、分、秒。校时电路可以对时、分、秒显示数字进行校对调整。整点报时电路是指根据计时器的状态，在整点时产生一个脉冲信号，去驱动一个音频单元实现报时。

三、设计提示及参考电路

数字电子钟是使用十进制数字显示时、分、秒的计时装置，它具有计时准确、信号稳定、方便使用的优点，图 4.1.1 是其组成框图。

1. 脉冲产生电路

数字电子钟需要具有标准的时间源，用以产生稳定的 1 Hz 脉冲信号，称为秒脉冲，因为秒脉冲直接影响到计时器计时的准确度，所以采用 555 定时器，并经多级分频电路后获得秒脉冲信号。555 定时器是一种中规模集成器件，只需在外部连接几个适当的阻容元件,就可以方便地构成多谐振荡器、施密特触发器及单稳态触发器等脉冲发生与变换电路。参考电路图如图 4.1.2 所示,具体电路要求如下。

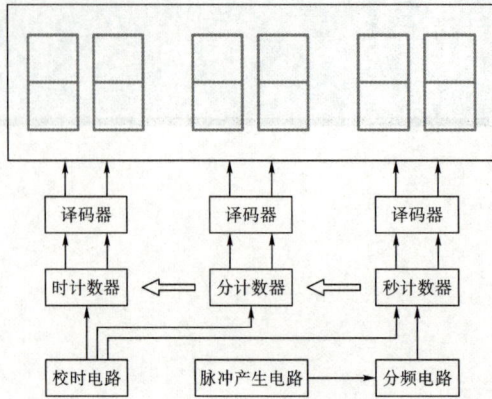

图 4.1.1　数字电子钟组成框图

(1)电路产生波形占空比 $q \approx 50\%$;频率 $f = 2\ \text{kHz}$ 。

(2)根据上面的参数,计算出电路中外接元件 R_1 、 R_2 及 C 的值。

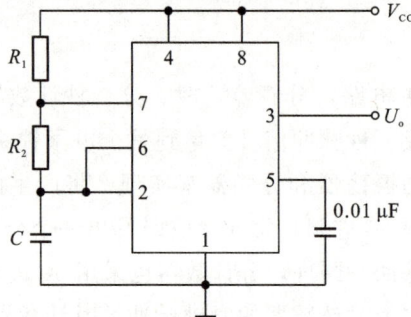

图 4.1.2　脉冲产生电路

2. 秒脉冲产生电路(分频电路)

由于 555 定时器连接的多谐振荡电路产生的频率很高,为了得到秒脉冲,需要用到分频电路。可采用 CC4518 进行分频。秒脉冲产生电路见图 4.1.3。

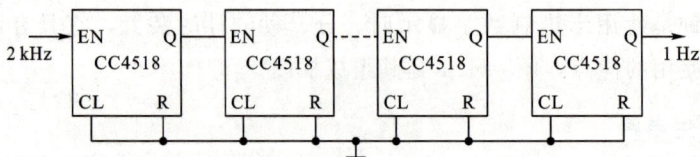

图 4.1.3　秒脉冲产生电路

3. 计数、译码、显示电路

获得秒脉冲信号后，可根据 60 s 为 1 min，60 min 为 1 h，24 h 为一个计数周期的计数规律，分别确定秒、分、时。由于秒和分的显示均为 60 进制，因此它们可以由二级十进制计数器组成，其中秒和分的个位为十进制计数器，十位为六进制计数器，可采用反馈归零法来实现。图 4.1.4 所示为使用两片 CC4518 组成的六-十进制计数器。

时计数器应为二十四进制计数器，也可用两片 CC4518 集成电路利用反馈归零法来实现。当时计数器输出第 24 个进位信号时，时计数器应该复位，即完成一个计数周期。

译码电路可先用 BCD-锁存/七段译码/驱动器 74LS47，它可以直接驱动共阳极数码显示器。

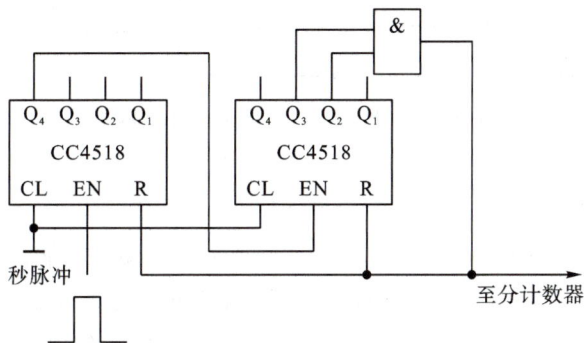

图 4.1.4　六十进制计数器

4. 校时电路

校时电路的作用是当计数器刚接通电源或走时出现误差时，进行时间的校准。图 4.1.5所示是一种实现时、分、秒校准的参考电路。开关 S_1、S_2、S_3 分别作为时、分、秒的控制开关。S_1、S_2 闭合，S_3 接 G_3 门的输入端时，G_1 到 G_3 门的输出均为 1，G_4 门输出为 0，G_5 门输出为 1，秒信号经过 G_6 门送至秒个位计数器的输入端，计时器进行正常的计时。

(1)时校准：当开关 S_1 打开，S_2 闭合，S_3 接 G_3 门的输入端时，G_1 门开启，G_2 门关闭，秒信号直接经过 G_6 和 G_1 门送至时个位计数器，从而使时显示器每秒钟进一个数字，以实现快速的校准，校准后将 S_1 闭合。

(2)分校准：当开关 S_1 闭合，S_2 打开，S_3 接 G_3 门的输入端时，秒信号只能通过 G_6 和 G_2 门送至分个位计数器，从而使时显示器每秒钟进一个数字，这时分计数器快速计数，校准后将 S_2 闭合。

(3)秒校准：当开关 S_1、S_2 闭合，S_3 接 G_4 门的输入端时，G_4 门输出为 1，使 G_5 门开启，周期为 0.5 s 的脉冲信号(可由秒脉冲信号分频获得)经过 G_5 和 G_6 门，送至秒个位计数器，从而使秒计数器的计数速度提高一倍，加快了秒显示器的校准速度。当

秒显示器校准后将 S_3 恢复与 G_3 门的输入端相接，这时计数器的各位显示器将按校准后的时间进行正常计时。

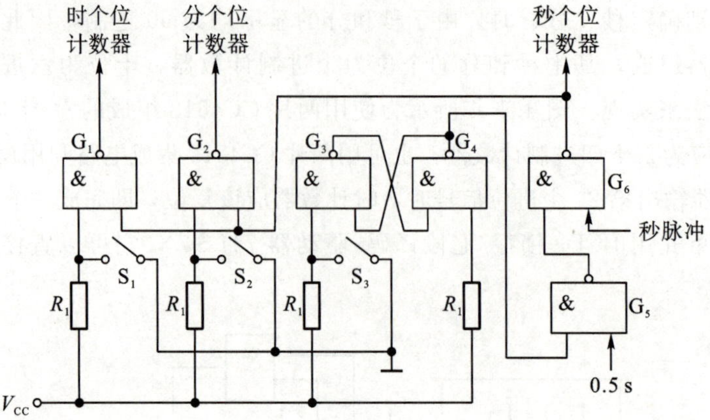

图 4.1.5　校时控制电路（$R_1 = 100 \text{ k}\Omega$）

5. 整点报时电路

电子钟电路还可以附加一些其他功能，如增加整点报时功能。整点报时功能的参考设计电路如图 4.1.6 所示，此电路每当分计数器和秒计数器计到 59 分 50 秒时便自动驱动音响电路，在 10 s 内发出 5 次鸣叫，每隔 1 s 叫一次，每次叫声持续 1 s，并且前四次的音调低，最后一次音调高，最后一次鸣叫完计数器指示正好为整点 0 分 0 秒。音响电路采用射极跟随器推动喇叭发声，晶体管的基极串联一个限流电阻，为了防止电流过大，烧坏喇叭，报时需要的 1 kHz 和 500 Hz 音频信号都取自前面的多级分频电路。

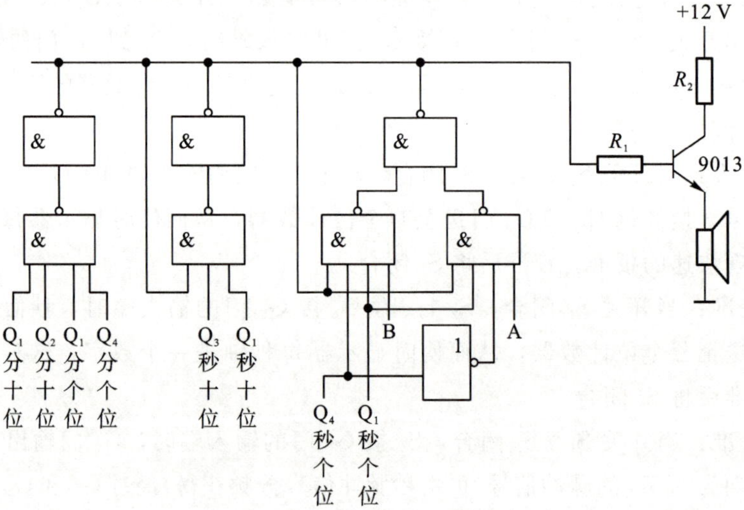

图 4.1.6　整点报时电路（$R_1 = 1 \text{ k}\Omega$，$R_2 = 51 \ \Omega$）

四、设计要求

(1)确定数字电子钟的总体设计方案，画出总方框图，划分各单元电路的功能，并进行各单元的设计。

(2)选择元器件型号，确定元器件的参数。

(3)画出逻辑图和装配图，并在面包板上组装电路。

(4)自拟测试方案步骤，并进行电路调试，使其达到设计要求。

(5)写出总结报告。

(6)用仿真软件进行仿真，查看仿真结果。

课程设计二

数字式电容测量仪

电容在电子线路中应用广泛，它的容量大小对电路的性能有重要的影响，本课程设计就是用数字显示方式设计一个数字式电容测量仪，对电容容量进行测量。

一、设计指标

(1)电容容量测量的范围为 $1\sim999~\mu F$，用 3 位十进制数字显示。

(2)响应时间不超过 2 s。

二、实验原理

利用单稳态触发器或电容器充放电规律等，可以把被测电容容量的大小转换成脉冲的宽窄，即控制脉冲宽度 T_X 严格与 C_X 成正比。只要把此脉冲与频率固定不变的方波(即时钟脉冲)相与，便可得到计数脉冲。把计数脉冲送给计数器计数，然后再送给显示器显示。如果时钟脉冲的频率等参数合适，数字显示器显示的数字 N 便是 C_X 的大小。该方案的原理框图如图 4.2.1 所示。

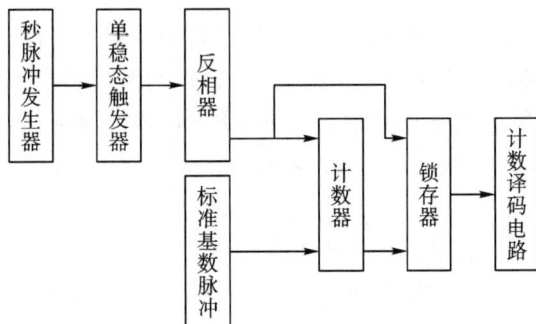

图 4.2.1 数字式电容测量仪原理框图

三、设计提示及参考电路

1. 秒脉冲发生电路

秒脉冲发生器用于产生周期性的触发、锁存、清零脉冲，使电路完成重复触发、正确计数、稳定显示等功能。该振荡器充放电周期 $T_p \approx 0.7(R_1 + 2R_2 + R_w)C_1$，调节电位器使 $1\ \text{s} \leqslant T_p \leqslant 1.5\ \text{s}$，$T_p$ 即为电路测量和显示的周期。产生秒脉冲是给 555 定时器的低电平触发端(管脚 2)一个脉冲信号，使单稳态触发器由稳态变为暂稳态，其输出端(管脚 3)由低电平变为高电平。秒脉冲发生电路如图 4.2.2 所示。图中 $R_1 = R_2 = 47\ \text{k}\Omega$，$R_w = 100\ \text{k}\Omega$，$C_1 = 10\ \mu\text{F}$，$C_2 = 0.01\ \mu\text{F}$。

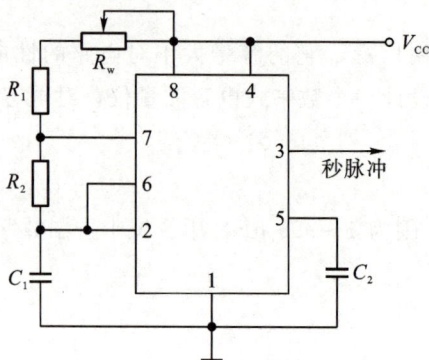

图 4.2.2　秒脉冲发生电路

2. 单稳态控制电路

产生秒脉冲是给 555 定时器构成的单稳态控制电路的低电平触发端一个脉冲信号，使单稳态触发器由稳态变为暂稳态，其输出端由低电平变为高电平。该高电平控制下，使时钟脉冲信号通过，送入计数器计数。暂稳态的脉冲宽度 $T_X = 1.1RC_X$。然后单稳态电路又回到稳态，其输出端变为低电平，从而封锁计数器，停止计数。如果 R 固定不变，则计数时钟脉冲的个数将与 C_X 的容量值成正比，可以满足测量电容容量的要求。由于设计要求，C_X 的变化范围为 $1 \sim 999\ \mu\text{F}$，且测量响应时间小于 2 s，即 $T_X < 2$ s，也就是 C_X 最大(999 μF)时 $T_X < 2$ s，根据 $T_X = 1.1RC_X$ 可得：

$$R < \frac{T_X}{1.1\,C_X} = \frac{2}{1.1 \times 999 \times 10^{-6}}\Omega = 1802\ \Omega \tag{4.2.1}$$

取 $R_1 = 1.8\ \text{k}\Omega$。图 4.2.3 中 $C_1 = 0.01\ \mu\text{F}$，C_X 为待测电容。

3. 时钟脉冲发生器

标准计数脉冲是为量化被测脉宽（即电容量值），进行计数显示的脉冲，由门脉冲控制进行计数，是计数的最小单位，关系到计数精度。这里选用由 555 定时器及相关电阻电容组成的多谐振荡电路来实现时钟脉冲产生功能。电路原理图如图 4.2.3 所示。产生信号周期为

$$T = T_{p1} + T_{p2} \approx 0.7(R_1 + 2R_2)C_1 \tag{4.2.2}$$

其中 $T_{p1} \approx 0.7(R_1 + R_2)C_1$，$T_{p2} \approx 0.7R_2C_1$。

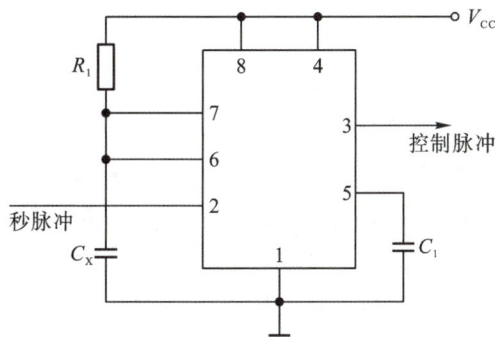

图 4.2.3　单稳态控制电路

占空比：$q = \dfrac{T_{p1}}{T} = \dfrac{R_1 + R_2}{R_1 + 2R_2}$。时钟周期 $T \approx 0.7(R_1 + 2R_2)C_1$ 是在忽略了 555 定时器管脚 6 的输入电流条件下得到的，而实际上管脚 6 有 10 μA 的电流流入。为了减小该电流的影响，应使流过的电流最小值大于 10 μA。因为要求 $C_X = 999$ μF 时，$T_X = 2$ s，所以需要时钟脉冲发生器在 2 s 内产生 999 个脉冲，即时钟脉冲周期应 $T = T_{p1} + T_{p2} = 2$ ms，如果选择占空比 $q = 0.6$，即 $q = T_{p1}/T = 0.6$。则：$T_{p1} = 0.6T = 0.6 \times 2$ ms $= 1.2$ ms；$T_{p2} = T - T_{p1} = (2 - 1.2)$ ms $= 0.8$ ms。

取 $C_1 = 0.1$ μF，则：$R_2 = \dfrac{T_{p2}}{0.7C_1} \approx 11.43$ kΩ；$R_1 = \dfrac{T_{p1}}{0.7C_1} - R_2 \approx 5.713$ kΩ。

取标称值：$R_1 = 5.6$ kΩ，$R_2 = 12$ kΩ。

最后，还要根据所选电阻 R_1、R_2 的阻值，计算流过 R_1、R_2 的最小电流是否大于 10 μA。从图 4.2.3 可以看出，当 C_1 上的电压 U_C 达到 $\dfrac{2}{3}V_{CC}$ 时，流过 R_1、R_2 的电流最小，$I = \dfrac{IR_{min}(V_{CC} - \frac{2}{3}V_{CC})}{(R_1 + R_2)} \approx 95$ μA。

振荡周期 $T \approx 0.7(R_3 + 2R_4)C_2 = 2.07$ ms。

可见所选元件基本满足设计要求。为了调整振荡周期，R_1 可选用 5.6 kΩ 的电位器。图 4.2.4 中，$R_1 = 5.6$ kΩ，$R_2 = 12$ kΩ，$C_1 = 0.1$ μF，$C_2 = 0.01$ μF。

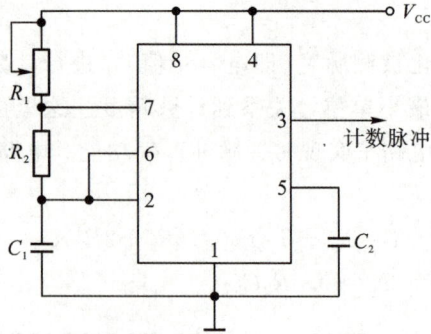

图 4.2.4　时钟脉冲发生器

4. 计数、锁存、译码和显示电路

由于 555 计数器的计数范围为 1～999，因此需要采用 3 个二-十进制加法计数器。这里选用 3 片 74LS90 级联构成所需的计数器。由于 74LS90 的异步清零端为高电平有效，因此，将控制器输出信号经过一个非门接到每个计数器的清零端。如果将计数器输出直接译码显示，显示器上的数字就会随计数器的状态不停地变化，只有在计数器停止计数时，显示器上的显示数字才能稳定，所以需要在计数和译码电路之间设置锁存电路。译码器选用 3 片 74LS47，直接驱动 3 个共阳极数码管。图 4.2.5 所示为计数、锁存、译码和显示电路。

5. 电容测量仪的调试

将各单元电路整机接好电路，检查无误后即可通电调试。计数、锁存、译码和显示，电路只要连接正确，一般都能正常工作，不用调整。主要调试秒脉冲产生电路、时钟脉冲发生器和单稳态控制电路。

用 555 定时器搭接电路，用双踪示波器观察输出信号的频率，同时调节电位器使 $1\ \mathrm{s} \leqslant T_\mathrm{p} \leqslant 1.5\ \mathrm{s}$，观察波形是否为方波。

调试时钟脉冲发生器，使其振荡频率符合设计要求。用频率计检测电路的输出端，最好用示波器监测波形。调整 R_1 电位器，使输出脉冲频率约为 500 Hz，占空比 $q=0.6$。调试单稳态控制电路。将一个 100 μF 的标准电容接到测试端，通过秒脉冲使单稳态电路产生一个控制脉冲，其脉宽 $T_\mathrm{X}=1.1\,RC_\mathrm{X}$，它使时钟脉冲通过并开始计时。如果显示器显示的数字不是 100，则说明时钟脉冲的频率仍不符合要求，可以调节图 4.2.4 中的 R_1 再重复上述步骤，经多次调整直到符合要求为止。

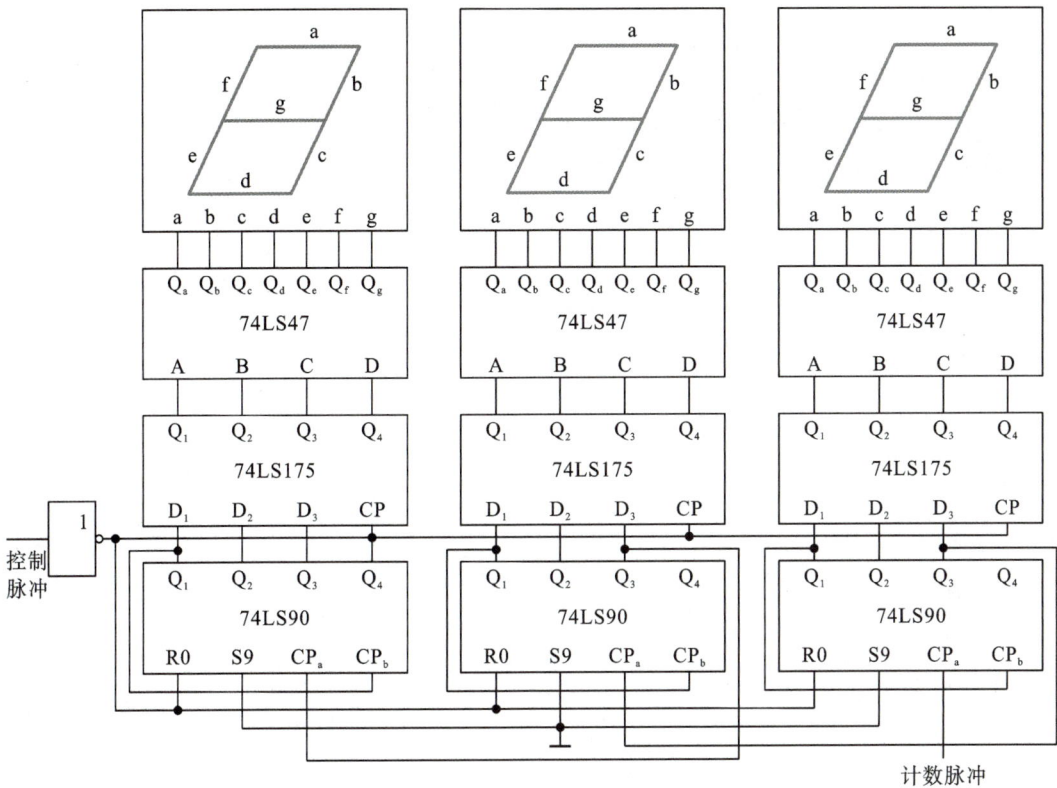

图 4.2.5　计数、锁存、译码和显示电路

四、设计要求

(1)确定数字式电容测量仪总体设计方案，画出总方框图，划分各单元电路的功能，并进行各单元的设计。

(2)选择元器件型号，确定元器件的参数。

(3)画出逻辑图和装配图，并在面包板上组装电路。

(4)自拟测试方案步骤，并进行电路调试，使其达到设计要求。

(5)写出总结报告。

(6)用仿真软件进行仿真，查看仿真结果。

(7)若改变数字式电容测量仪的测量范围，电路中的哪些参数要发生改变？电容测量范围在 $0.01 \sim 10\ \mu\mathrm{F}$，试将改变的元件参数计算出来。

多路竞赛抢答器设计

一、设计指标

1. 基本功能

(1)设计一个智力竞赛抢答器，可同时供 8 名选手或 8 个代表队参加比赛，各用一个抢答按钮。

(2)给节目主持人设置一个控制开关，用来控制系统的清零(编号显示数码管灭灯)和抢答的开始。

(3)抢答器具有数据锁存和显示的功能。

2. 扩展功能

抢答器具有定时抢答的功能。

二、实验原理

1. 多路竞赛抢答器电路的总体设计方案

多路竞赛抢答电路的总体设计见图 4.3.1。

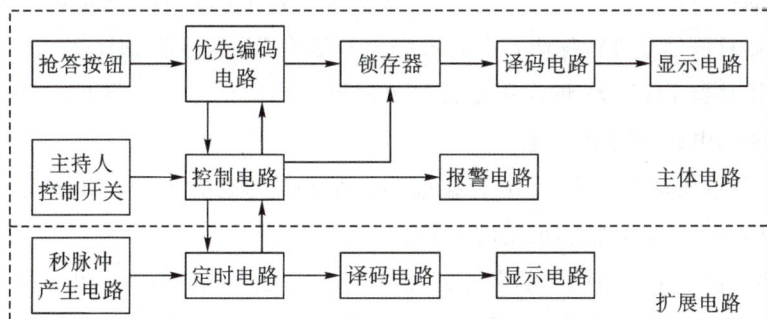

图 4.3.1　多路竞赛抢答电路框图

2. 工作原理

接通电源时，主持人将开关置于"清除"，抢答器处于禁止工作状态，编号显示器灭灯，定时显示器显示设定时间。当抢答开始后，主持人将开关置于"开始"，抢答器处于工作状态，8 线-3 线优先编码器开始工作，等待数据输入，若有选手按动抢答按钮，编号立即锁存，并在 LED 数码管上显示出选手的编号，同时扬声器给出音响提示，表示该组抢答成功。此外，要封锁输入电路，禁止其他选手抢答。优先抢答选手的编号一直保持到主持人将开关置于"清除"为止。

抢答器具有定时抢答的功能，且一次抢答的时间可以由主持人设定（如 30 s），当节目主持人将开关置于"开始"后，要求定时器立即减计时，并用显示器显示，同时扬声器发出短暂的声响（持续时间 0.5 s 左右），参赛选手在设定的时间内抢答，抢答有效，定时器停止工作，显示器上显示选手的编号和抢答时的时间，并保持到主持人将开关置于"清除"为止。如果定时抢答的时间已到，却没有选手抢答时，本次抢答无效，系统短暂报警，并封锁输入电路，禁止选手超时后抢答，时间显示器上显示"00"。

三、设计提示及参考电路

1. 抢答电路设计

抢答电路的功能有两个：一是分辨出选手按键的先后，并锁存优先抢答者的编号，供译码显示电路显示；二是要使其他选手按键操作无效。这就保证了抢答者的优先性及抢答电路的准确性，当优先抢答者回答完问题后，由主持人操作控制开关，使抢答器复位，以便进行下一轮抢答。抢答电路具体由以下几个小电路完成，电路图见图 4.3.2。

（1）8 线-3 线优先编码电路（74LS148）完成抢答电路的信号接收和锁存功能，当抢答器按键中的任意按键按下，使 8 线-3 线优先编码器的输入端出现低电平时，8 线-3 线优先编码器对该信号进行编码，并将编码信号送给 RS 锁存器 74LS279。

（2）RS 锁存器 74LS279 的作用是接收编码器输出的信号，并将此信号锁存，再送给译码显示驱动电路进行数字显示。

（3）译码显示驱动电路 74LS48 将接收到的编码信号进行译码，译码后的七段数字信号驱动数码显示管显示抢答成功的组号。

（4）抢答器按键电路由简单的常开开关组成，开关的一端接地，另一端通过 10 kΩ 的上拉电阻接高电平，当某个开关被按下时，低电平被送到 8 线-3 线优先编码电路的输入端，8 线-3 线优先编码器对该信号进行编码。每个按键旁并联一个 0.01 μF 的电容，其作用是防止在按键过程中产生的抖动形成重复信号。

（5）因为人们习惯于用第 1 组到第 8 组表示 8 个组的抢答组号，而编码器是对"0"到"7"8 个数字编码，若直接显示，会显示出"0"到"7"8 个数字，用起来不方便。采用或非门组成的变号电路，将 RS 锁存器输出的"000"变成"1"，送到译码器的 A3 端，使第"0"组的抢答信号变成 4 位信号"1000"，则译码器对"1000"译码后，使显示电路显示数字"8"。若第"0"组抢答成功，数字显示的组号是"8"而不是"0"，更符合人们的习惯。由于采用了或非门，所以对"000"信号加以变换时，不会影响其他组号的正常显示。

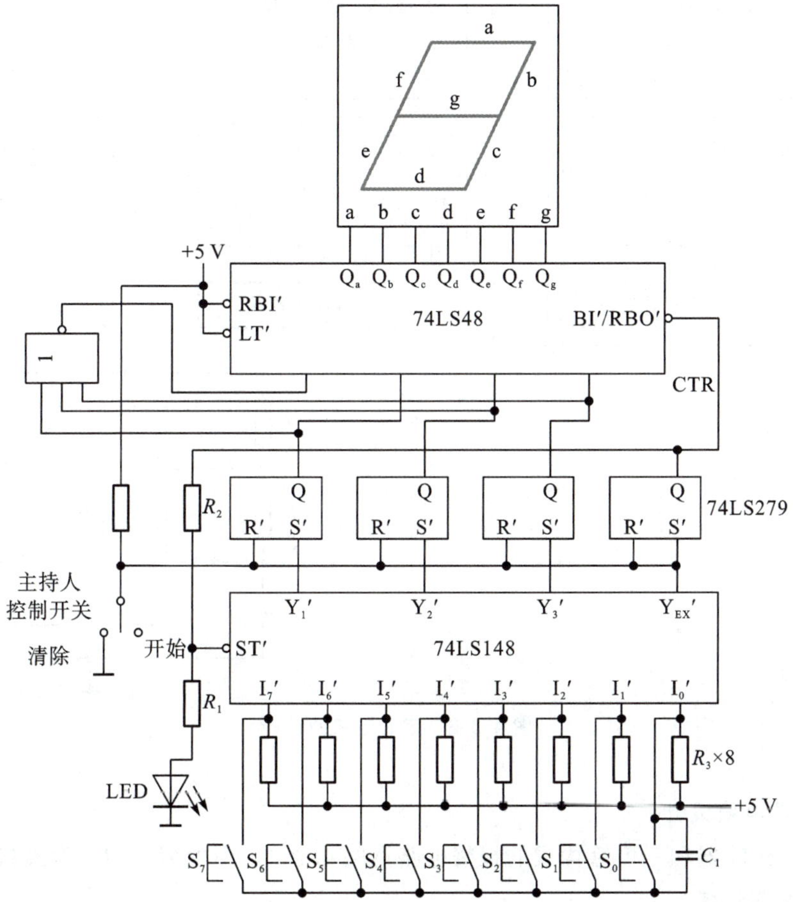

图 4.3.2 抢答电路设计

2. 定时电路设计

主持人根据抢答题的难易程度，设定一次抢答的时间，通过预置时间电路对计数器进行预置，选用十进制同步加法/减法计数器 74LS192 进行设计，计数器的时钟脉冲由 555 定时器的多谐振荡电路提供。定时电路见图 4.3.3。

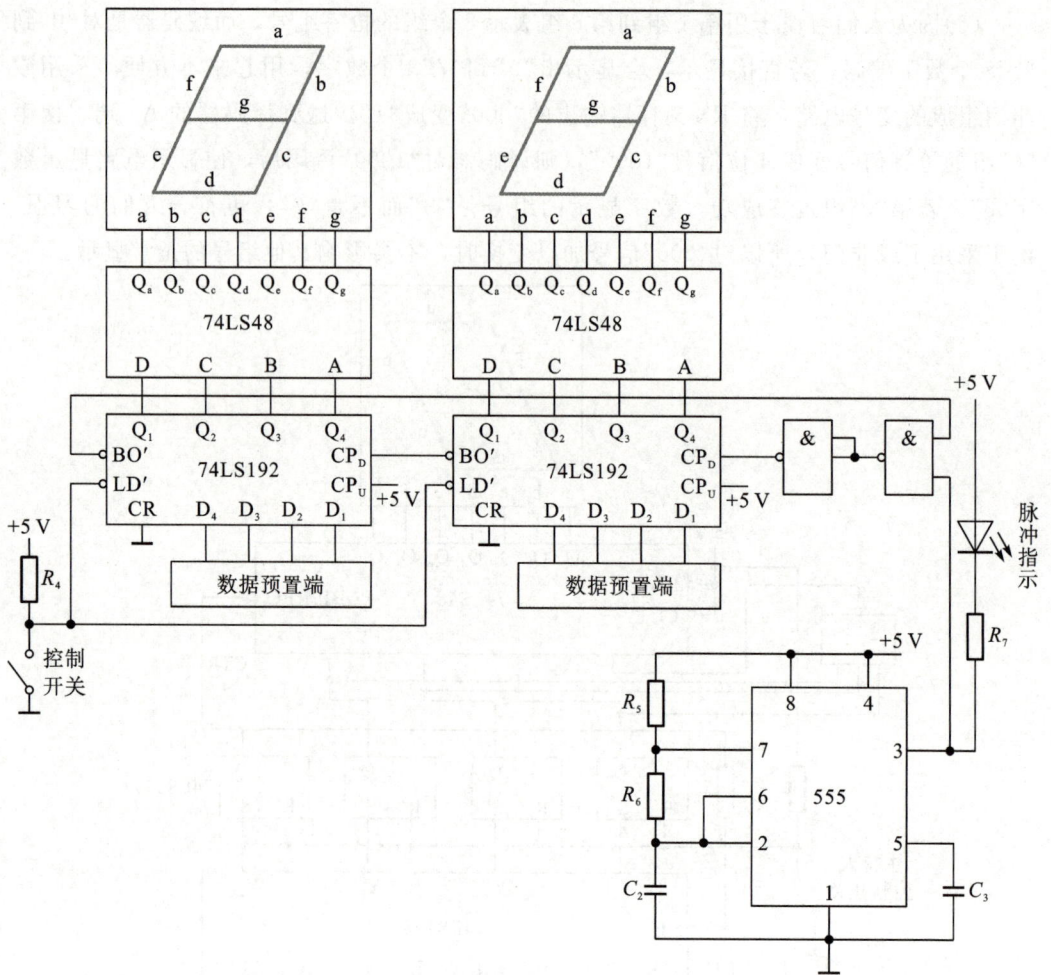

图 4.3.3　定时电路的设计

3. 报警电路设计

由 555 定时器和三极管构成的报警电路见图 4.3.4，图中 R_{11}、R_{12} 为外接元件，其输出波形振荡频率为

$$f_\circ = \frac{1.44}{(R_{11} + 2R_{12})C} \tag{4.3.1}$$

其输出信号经三极管传入扬声器。PR 为控制信号，当 PR 为高电平时，多谐振荡器工作，反之，电路停振。

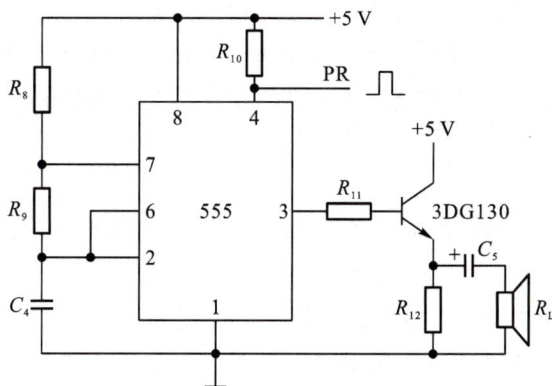

图 4.3.4　报警电路

4. 抢答控制电路设计

抢答器控制电路是抢答器设计的关键，它要完成以下功能：

(1)将控制开关拨到"开始"时，扬声器发声，抢答电路和定时器进入正常抢答工作状态。

(2)当按动抢答键时，扬声器发声，抢答电路和定时电路停止工作。

(3)当设定的抢答时间到，无人抢答时，扬声器发声，同时抢答电路和定时电路停止工作。

图 4.3.5　时序控制电路

根据上面的功能要求，设计的时序电路如图 4.3.5 所示。图中，门 G_1 的作用是控制时钟信号 CP 的放行与禁止，门 G_2 的作用是控制 74LS148 的输入使能端 ST'。时序控制电路的工作原理是：主持人将开关从"清除"位置拨到"开始"位置，来自图 4.3.2 中的 74LS279 的输出 CTR＝0，经 G_3 反向，A＝1，则从 555 输出端出来的时钟信号 CP 加到 74LS192 的 CP_D 时钟输入，定时器进行递减计时，同时在定时时间未到时，74LS192 借位输出端 BO_2'＝1，门 G_2 的输出 ST'＝0，74LS148 处于正常工作，从而实现功能 1 的要求。当选手在定时时间内按动抢答键时，CTR＝1，经 G_3 反向，A＝0，封锁时钟信号 CP，定时器处于保持工作状态，同时门 G_2 的输出 ST'＝1，74LS148 处于禁止工作，从而实现功能 2 的要求。当定时时间到来时，来自 74LS192 的 $BO_2'=0$，$ST'=1$，74LS148 处于禁止工作，禁止选手进行抢答，同时门 G_1 处于关门状态，封锁 CP 信号，使定时电路保持 00 状态不变，从而实现功能 3 的要求。

四、设计要求

(1)画出总方框图，划分各单元电路的功能，并进行各单元的设计。

(2)选择元器件型号，确定元器件的参数。

(3)画出逻辑图和装配图，并在面包板上组装电路，检查无误后，通电调试检测，在各模块正常工作后，进行模拟抢答比赛，查看各部分电路是否正常。

(4)对出现的故障进行分析，说明解决问题的方法。

(5)写出总结报告，画出总体电路图。

(6)用仿真软件进行仿真，查看仿真结果。

"打地鼠"游戏设计与实现

一、设计指标

(1)设计实现"打地鼠"游戏的基本功能，设计击打地鼠触发机制，包括使用按钮开关实现锤子功能，用发光二极管表示地鼠洞。

(2)设计实现扩展功能，包括计分功能和倒计时功能。

(3)设计实现进阶功能，包括 Combo 连击功能和 Combo 奖励功能。

(4)使用 Multisim 软件进行仿真，并用硬件实现电路。

二、实验原理

1. "打地鼠"游戏的总体设计方案

"打地鼠"游戏总体设计方案图如图 4.4.1 所示。由图可知，方案总共分为"打地鼠"系统、计分系统、倒计时系统、Combo 连击系统这四个分系统模块，以及主控制开关。

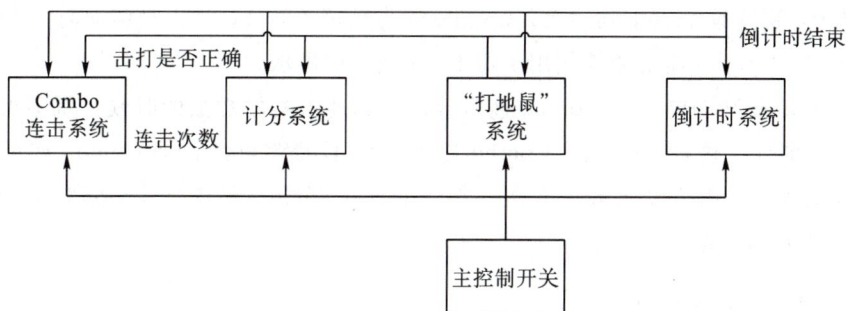

图 4.4.1 "打地鼠"游戏总体设计方案图

2. 工作原理

游戏应具备的功能包括基本功能、扩展功能和进阶功能。

(1)基本功能有以下几种。

①"地鼠洞"：实现两行四列，8个"地鼠洞"，要求使用发光二极管来模拟。

②"地鼠"冒头：用发光二极管的亮灭模拟"地鼠"是否从"地鼠洞"中冒出头来。设"地鼠洞"中有且只有一个"地鼠"，"地鼠"会时不时从"地鼠洞"中冒出头来"透透气"。"地鼠"从哪个"地鼠洞"冒头，代表那个"地鼠洞"的发光二极管就亮起。要求"地鼠"从"地鼠洞"冒头要具有随机性。

③击打"地鼠"：同样用8个按钮(两行四列)对应8个"地鼠洞"，玩家按下按钮，表示使用"锤子"对所对应的"地鼠洞"进行一次击打操作。如果击打的对应"地鼠洞"此时有"地鼠"冒头，视为击打正确；反之，则为击打错误。击打正确后，"地鼠"缩回到"地鼠洞"中，对应的"地鼠洞"的发光二极管由亮变灭，然后地鼠再从随机的"地鼠洞"冒头出来，等待玩家的再次击打；如果击打错误，则"地鼠"保持不动。

(2)扩展功能有以下几种。

①倒计时功能：要求实现默认30 s倒计时功能。默认的30 s倒计时设计电路时可调，后期可加入实时调节功能。倒计时使用两位LED数码管显示。游戏设定每局游戏时间为30 s，在倒计时未归零前，玩家可以进行"打地鼠"；倒计时结束后，游戏结束，"地鼠"不再冒头。

②计分功能：玩家在倒计时未归零前每正确击打"地鼠"一次，即得一分，使用两位LED数码管来显示玩家得分。

③复位功能：要求设置复位开关，开关按下后，玩家在任何时候都可重新进行新一局的游戏，即计分清零，倒计时重新设置为默认值30 s。

(3)进阶功能(仿真实现)有以下几种。

①Combo连击功能：Combo连击指的是玩家当前的连续正确击打小地鼠的次数，初始值为0，每连续击打正确一次，Combo连击数值累加1；当击打错误时，Combo连击数值清零。Combo连击数值使用1位LED数码管显示。

②Combo奖励功能：当Combo连击数值达到连击奖励次数的时候，玩家可以额外获得1分，即计分值加1；同时Combo连击数值不继续累计，即Combo连击数值清零。要求默认的连击奖励次数为5次，默认的连击奖励次数在设计电路时可调，后期可加入实时调节功能。

三、设计提示及参考电路

根据实验内容与要求，按照功能划分，介绍"打地鼠"游戏设计方案的一种实现方法。

1. 系统总体方案

游戏初始化：接通电源后，当玩家按下主控制开关，系统初始化。即计分系统显示（得分初始化）为 0 分；Combo 连击数值初始化为 0 次；同时倒计时系统开始进行默认值为 30 s 的倒计时；"打地鼠"系统中的 8 个代表"地鼠洞"的发光二极管中，有一个随机地亮起，表示此时有"地鼠"从这个"地鼠洞"冒出头来，等待玩家按下"地鼠洞"所对应的按钮进行击打"地鼠"操作。

开始游戏：玩家可以点击击打按钮进行击打"地鼠"操作，点击的按钮对应的"地鼠洞"代表的发光二极管是亮的，则视为击打正确；反之，视为击打错误。

如果玩家击打正确，计分系统显示得分值累加 1 分，Combo 连击系统显示连击数值累加 1 次。Combo 连击系统显示连击数值累加到 5 次时，Combo 连击数值清零，玩家获得连击奖励积分 1 分，计分系统显示得分值再累加 1 分。另外同时 8 个代表"地鼠洞"的发光二极管中，有一个随机地亮起，然后玩家可以继续按下"地鼠洞"所对应的按钮进行击打"地鼠"操作。

如果击打错误，计分系统显示不变，Combo 连击系统显示连击数值清零，"地鼠"保持不动，即亮起的发光二极管保持亮起不变，玩家可以继续击打操作直到倒计时显示归零，视为游戏结束。游戏结束后计分系统、Combo 连击系统和打地鼠系统被锁定，"地鼠"不再冒头，此时计分系统显示玩家的得分。

如果玩家要进行下一局游戏，只需重新按下主控制开关即可。

2."打地鼠"系统实现方案

"打地鼠"系统设计方案如图 4.4.2 所示。

(1)"地鼠"随机冒头产生电路设计方案：利用高频率的脉冲信号驱动计数器进行计数，根据击打操作的时间点的不确定性，对于计数器的值在某一时刻进行提取，反馈在"地鼠洞"的亮灭上，实现"地鼠"随机冒头。

具体实现：使用数字电子技术实验箱或者波形发生器输出 1 kHz 脉冲信号，来驱动计数器 74LS90 进行八进制计数，同时利用计数器 74LS192 的预置数功能实现在某一时刻将计数器的值锁存的功能。

(2)"地鼠洞"和击打操作电路设计方案：用"地鼠"随机冒头产生电路锁存的随机数值来控制"地鼠洞"中"地鼠"的冒头行为。结合"地鼠洞"阵列状态与击打按钮阵列的击打操作，来判定击打操作正确还是错误，将相应的信号反馈到其他功能电路。

具体实现：将计数器锁存的随机数值输入 3 线-8 线译码器 74LS138，译码器输出端连接发光二极管"地鼠洞"阵列，再根据击打按钮阵列输出变化，联合 3 线-8 线译码器的输出通过 74LS32 或门阵列来产生控制发光二极管"地鼠洞"阵列的状态的控制信号，"地鼠洞"阵列再通过 8-3 编码器 74LS148 判断是否产生正确击打信号；同理，错误击打信号是否产生，方案中设计 74LS00 与非门阵列结合 3 线-8 线编码器 74LS148

的判断方法。

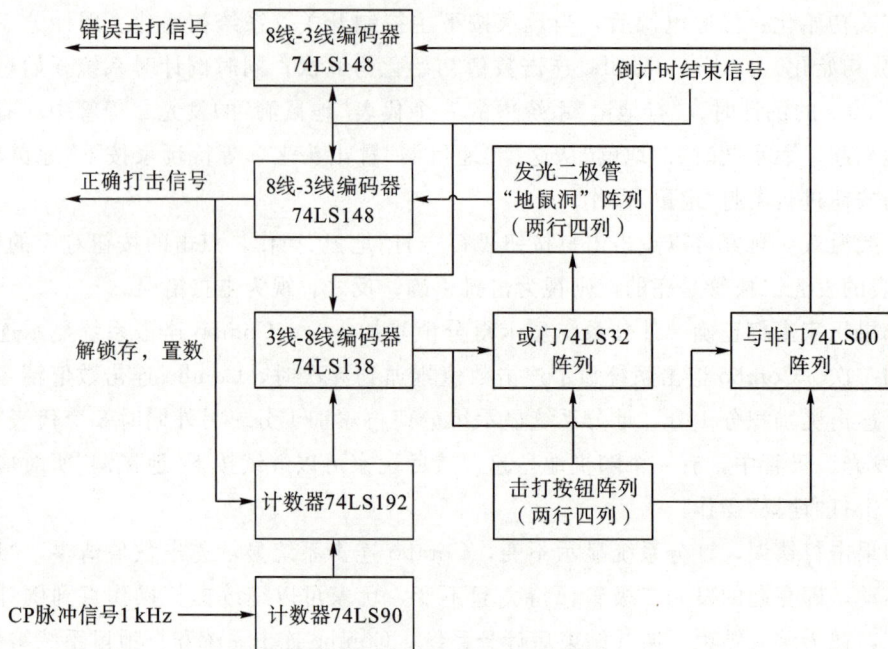

图 4.4.2 "打地鼠"系统设计方案图

（3）击打正确与否与其他功能模块系统的联动：当玩家正确击打时，此刻"地鼠洞"阵列中所有的发光二极管都不亮，表示玩家正确击打到"地鼠"，"地鼠"受击打后钻回了"地鼠洞"中。即所对应的 8 线-3 线编码器输入全为高电平，输出端 EO 会从高电平变为低电平，产生一个下降沿的脉冲作为正确击打信号，反馈到计分系统和 Combo 连击系统，同时将正确击打信号反馈到"地鼠"随机冒头产生电路中的计数器 74LS192 来预置另一个随机数值，以使"地鼠"可以再次冒头，等待玩家继续击打。

当玩家错误击打时，根据击打按钮阵列输出变化，联合 3 线-8 线译码器的输出通过 74LS00 与非门阵列，与非门阵列输出接到另一个 8 线-3 线编码器，其输出端 GS 会从高电平变为低电平，产生一个下降沿脉冲作为错误击打信号，反馈到 Combo 连击系统。

当倒计时结束信号来临时，计数器、编码器和解码器停止工作。

3. 计分系统实现方案

计分系统设计方案如图 4.4.3 所示。该方案实现了两位十进制的计数译码显示电路，来记录玩家在"打地鼠"游戏中的得分。

具体实现：计数选取计数器 CD4518 芯片，译码显示使用译码器 74LS47 和共阳极的数码管来实现两位十进制的译码显示，即玩家在一局游戏中得分不超过 99 分。计数器以两个信号作为 CP 脉冲输入端来驱动计数，一个是"打地鼠"系统反馈的正确击打信号；另一个是 Combo 连击系统反馈的奖励积分信号。两个信号可分别作用于计分系统，使玩家计分显示加 1 分。

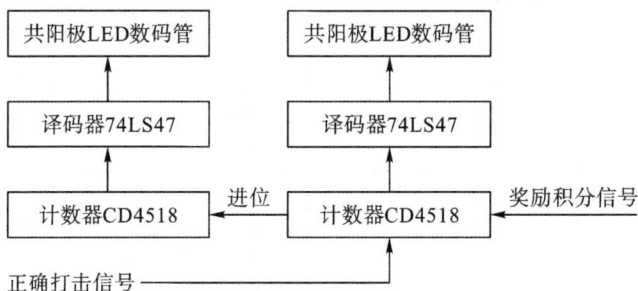

图 4.4.3　计分系统设计方案图

4. 倒计时系统实现方案

倒计时系统设计方案图如图 4.4.4 所示。方案实现默认值为 30 s 的倒计时电路，在倒计时期间，玩家可以正常进行"打地鼠"游戏，获取分数；在倒计时结束后，所有子系统关闭并锁定，"地鼠"也不再出没，计分系统显示玩家最终得分。当按下主控开关，倒计时系统重新开始倒计时，玩家可以开始新的一局游戏。

具体实现：使用数字电子技术实验箱或者波形发生器输出 1 Hz 脉冲信号来驱动计数器进行减计数，减计数选取计数器 74LS192 芯片，译码显示使用译码器 74LS47 和共阳极的数码管来实现两位十进制的译码显示。

当一局游戏开始，主控制开关被按下，计数器倒计时被预置 30 s 来进行减计数。当倒计时归零时，两位计数器 74LS192 芯片会同时输出一个下降沿的借位信号，借位信号输入通过一个或门 74LS32 进行逻辑判定，或门输出需接 74LS74D 触发器来反馈一个倒计时结束信号，使得计数器显示始终锁定在清零状态不变；另外，其他功能模块系统接收到倒计时结束信号后关闭并锁定状态。主控开关按下后，所有系统重置，玩家可以开始新的一局游戏。

注意：D 触发器是必不可少的，D 触发器输出状态为低电平时，表示倒计时未结束；当或门输出的脉冲导致 D 触发器输出状态由低电平转变为高电平时，D 触发器输出高电平这个稳定的状态作为倒计时结束信号，反馈给计数器和其他功能模块系统。当主控开关被按下，D 触发器将输出状态重置为低电平，玩家可以开始新的一局游戏。

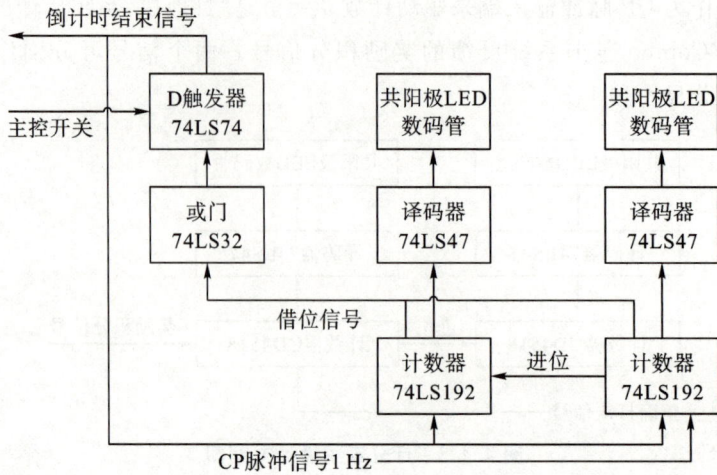

图 4.4.4　倒计时系统设计方案图

5. Combo 连击系统实现方案

Combo 连击系统设计方案图如图 4.4.5 所示。方案实现一位十进制的计数译码显示电路，来记录玩家在"打地鼠"游戏中连续正确击打的次数。当连续正确击打的次数达到默认值 5 次时，玩家获得连击奖励积分，计分额外加 1 分。

具体实现：计数选取计数器 CD4518 芯片，以正确击打信号驱动脉冲计数，译码显示使用译码器 74LS47 和共阳极的数码管来实现一位十进制的译码显示，来记录连续正确击打的次数，即 Combo 连击数。

当 Combo 连击数值达到默认值 5 的时候，Combo 连击数清零，并同时输出奖励积分信号反馈到计分系统，使玩家的得分加 1 分；另外，错误击打信号也会使当前的 Combo 连击数值清零。

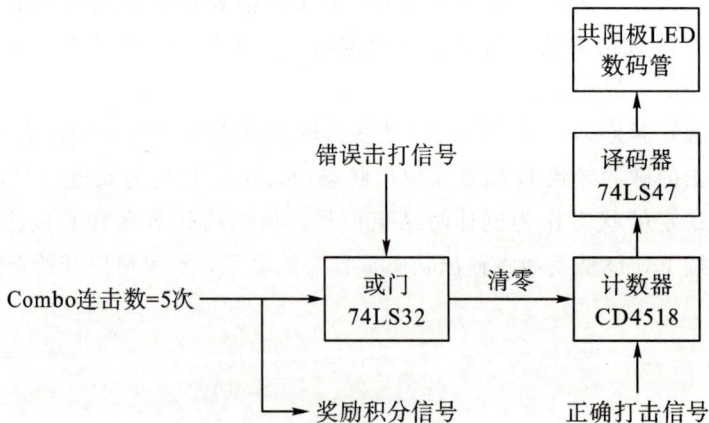

图 4.4.5　Combo 连击系统设计方案图

6. 实现方案所需的支撑条件

软件方面：Multisim 仿真软件。

硬件方面：面包板、导线及常用的数字电子技术实验器件，如 74LS 系列芯片、发光二极管、触发开关等。

四、设计要求

(1)熟悉组合逻辑电路的设计方法及编码器、译码器及计数器等集成器件的使用。

(2)根据设计任务，分析功能要求，结合所学知识，确定系统的原理总框图；根据功能要求，合理选择元器件，依次设计各个单元模块电路，注意各模块之间的连接。

(3)将设计好的方案交由教师来审阅，并根据教师的建议，分析可行性，改进方案。

(4)按照设计好的各模块电路，在仿真软件上对各模块电路进行功能仿真，并连接好各个模块电路，进行调试。

(5)在实验电路面包板上，根据设计调试好的电路，进行搭接组装。

(6)对于搭接好的电路，做到分模块的边调试边搭接，最后进行整体测试，并记录数据。

(7)各小组分别进行功能演示，对于遇到的问题，进行交流讨论、答辩。

(8)认真撰写设计总结实验报告。

双路可显示倒计时交通灯的设计与实现

一、设计指标

(1)实现交通灯的基本功能，设计南北和东西两个方向的红黄绿交通灯。红黄绿交通灯可用红色、黄色、绿色的 3 个发光二极管表示。

(2)实现两个方向的倒计时显示功能，红灯显示时间等于绿灯显示时间加 3 s，其中黄灯显示时间应固定为 3 s。一般要求红灯持续 25 s，黄灯持续 3 s，绿灯持续 22 s。

(3)实现突发紧急锁定功能，要求有紧急情况发生时，如遇交通事故等，双向红绿灯同时显示红灯。

(4)使用 Multisim 软件进行仿真，并用硬件实现电路。

二、实验原理

1. 交通灯的总体设计方案

交通灯总体设计方案如图 4.5.1 所示。由图可知，方案总共分为 555 定时器、分频电路、倒计时显示电路、交通灯控制系统、交通信号灯，以及紧急情况开关这 6 个模块。

2. 工作原理

555 定时器：用 555 定时器构成多谐振荡器，产生高频脉冲信号。该信号经后续分频处理，得到 1 Hz 的脉冲信号，用于驱动计数器。

分频电路：把 555 定时器构成的多谐振荡器产生的高频脉冲信号，分频成频率为 1 Hz 的脉冲信号。

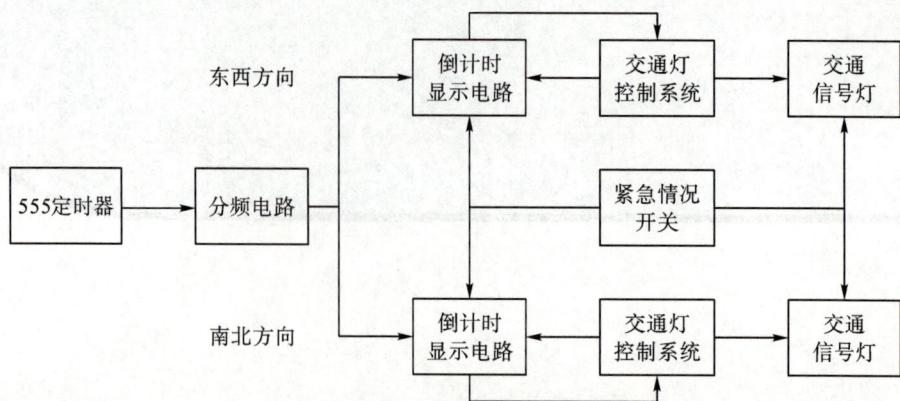

图 4.5.1 交通灯总体设计方案图

倒计时显示功能：要求实现东西和南北方向的两位的交通灯倒计时显示功能，默认红灯倒计时持续时间为 25 s，等于绿灯倒计时持续时间 22 s 加上黄灯倒计时持续时间 3 s。倒计时持续时间在设计电路时可调，后期可加入实时调节功能。倒计时使用两位 LED 数码管显示。倒计时显示切换，从红灯倒计时归零后切换为绿灯倒计时，绿灯倒计时归零后切换为黄灯倒计时，黄灯倒计时归零后切换为红灯倒计时，为一个循环。

交通灯控制功能：用于控制倒计时显示的切换和交通信号灯颜色的变换。

交通灯显示功能：要求交通灯亮灯顺序为红绿黄依次循环交替变化，且东西方向为红灯时，南北方向为绿灯或者黄灯；东西方向由红灯变绿灯时，南北方向同时由黄灯变红灯。

紧急情况开关功能：要求设置紧急情况开关，当有紧急情况发生时，如遇交通事故或者有救护车、消防车急需通过拥堵路段时，切换两个方向的红绿灯同时显示红灯，所有其他车辆都禁止通行，直到紧急情况解除后，红绿灯继续恢复正常运行状态。

三、设计提示及参考电路

1. 系统总体方案

交通灯初始化：使用红绿黄三色的发光二极管小灯泡来模拟交通灯。东西方向和南北方向倒计时计数器都初始化对应的秒数，东西方向预置 25 s，红灯亮；南北方向预置 22 s，绿灯亮。

接通电源后，555 定时器组成的多谐振荡器产生的 2 kHz 方波，由经过分频电路分频后的 1 Hz 脉冲信号来驱动，74LS192 计数器进行减计数的倒计时，并且经 74LA47 译码器译码后，用两位数码管显示出来。当倒计时清零时，交通灯控制系统控制倒计时系统重新预置新的秒数，同时控制交通灯变化颜色。

当发生紧急情况，开关被断开时，分频电路停止输出 1 Hz 脉冲信号驱动计数器倒计时，倒计时暂停；同时控制双路的交通灯都亮起红灯。当紧急情况结束，开关被重新闭合时，分频电路继续输出 1 Hz 脉冲信号驱动计数器倒计时，倒计时恢复正常，两个方向的交通灯也恢复原来的颜色。

2. 555 定时器多谐振荡器实现方案

555 定时器多谐振荡器产生一个 2 kHz 的方波信号，实现图 4.5.2 所示电路图。图中 R_1、R_2 为外接元件，其输出波形振荡频率为

$$f = \frac{1}{T} = \frac{1}{T_1 + T_2} = \frac{1.44}{(R_1 + 2R_2)C} \tag{4.5.1}$$

式中，$T_1 \approx 0.7(R_1 + R_2)C$，$T_2 \approx 0.7R_2C$。

占空比：$q = \dfrac{T_1}{T_1 + T_2} = \dfrac{R_1 + R_2}{R_1 + 2R_2}$

当 $R_2 \gg R_1$ 时，占空比近似 50%。

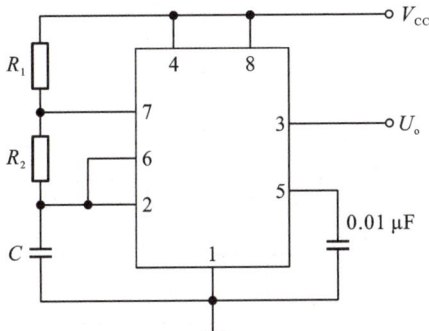

图 4.5.2　555 定时器多谐振荡器电路图

3. 分频电路实现方案

分频电路实现方案图如图 4.5.3 所示。方案选用了 CC4518 计数器来对 555 定时器产生的 2 kHz 方波信号进行分频。经过 3 次十分频及 1 次二分频可得到 1 Hz 的秒脉冲信号。

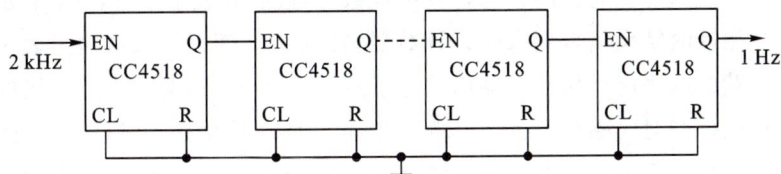

图 4.5.3　分频电路实现方案

4. 倒计时系统实现方案

倒计时系统设计方案图如图 4.5.4 所示。方案实现默认值可调可切换的倒计时电路，在倒计时期间，交通灯的颜色始终保持不变，当倒计时结束时，倒计时重新初始

化，并按要求改变交通灯的颜色。

具体实现：将分频电路产生的 1 Hz 脉冲信号用来驱动计数器进行减计数，减计数选取计数器 74LS192，译码显示使用译码器 74LS47 和共阳极的数码管来实现两位十进制的译码显示。

倒计时开始前，使用计数器 74LS192 的并行置数功能预置 25 s 来进行减计数。当倒计时归零时，两位计数器 74LS192 芯片会同时输出一个下降沿的借位信号，借位信号输入通过一个或门 74LS32 进行逻辑判定，或门输出下降沿的倒计时结束信号，使得计数器清零，并反馈到交通灯控制模块；交通灯控制模块会发出一个交通灯控制信号来控制计数器 74LS192 重新预置 22 s 来进行减计数，完成一次倒计时时间的重置。

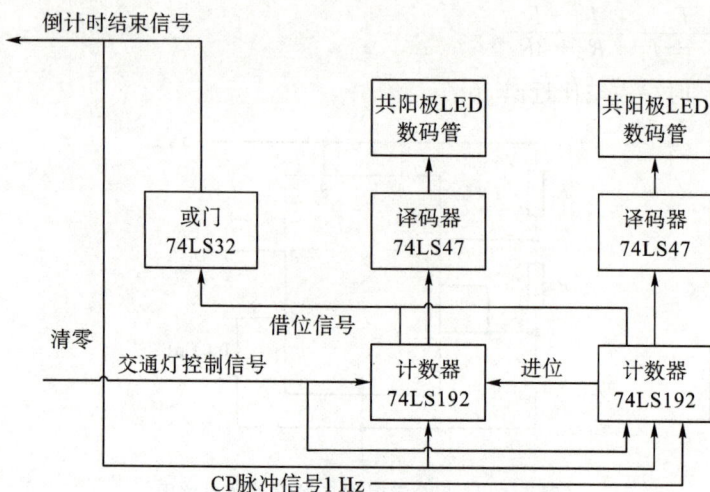

图 4.5.4 倒计时系统设计方案图

5. 交通灯控制系统实现方案

交通灯系统设计方案图如图 4.5.5 所示。以东西方向为例，使用一个三进制的计数器的输出来定义当前交通灯的状态，其中计数器输出 00 表示红灯，01 表示绿灯，10 表示黄灯。当倒计时结束信号到来时，计数器输出加 1，使得计数器输出表示的交通灯颜色按照红绿黄的顺序进行切换。输出信号经过一个 2 线-4 线译码器连接的交通灯发光二极管，可以控制对应颜色的发光二极管亮起。同时使用多个 74LS153 四选一数据选择器来控制计数器 74LS192 的并行置数输入端，按照对应的交通灯持续时间进行倒计时初始化。同理，南北方向，计数器输出 00 表示绿灯，01 表示黄灯，10 表示红灯。

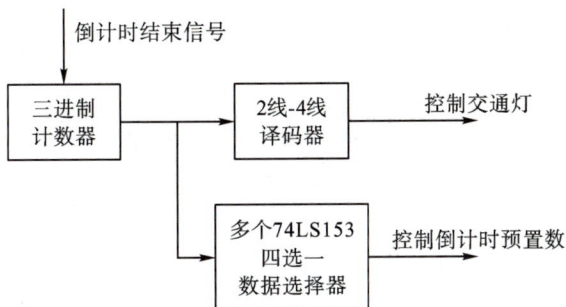

图 4.5.5　交通灯控制系统设计方案图

6. 紧急情况开关实现

具体实现：设置一个开关，使用门电路实现。当开关闭合时，交通灯正常工作；当开关断开后，计数器 CP 脉冲 1 Hz 断开，计数器不计数，交通灯倒计时暂停，同时两个方向的交通灯同时变为红色。

7. 实现方案所需的支撑条件

软件方面：Multisim 仿真软件。

硬件方面：面包板、导线及常用的数字电子技术实验器件，如 74LS 系列芯片，发光二极管、触发开关等。

四、设计要求

(1)熟悉组合逻辑电路的设计方法及编码器、译码器及计数器等集成器件的使用。

(2)根据设计任务，分析功能要求，结合所学知识，确定系统的原理总框图；根据功能要求，合理选择元器件，依次设计各个单元模块电路，注意各模块之间的连接。

(3)将设计好的方案交由教师来审阅，并根据教师的建议，分析可行性，改进方案。

(4)按照设计好的各模块电路，在仿真软件上对各模块电路进行功能仿真，并连接好各个模块电路，进行调试。

(5)在实验电路面包板上，根据设计调试好的电路，进行搭接组装。

(6)对于搭接好的电路，做到分模块的边调试边搭接，最后进行整体测试，并记录数据。

(7)各小组分别进行功能演示，对于遇到的问题，进行交流讨论、答辩。

(8)认真撰写设计总结及实验报告。

第五部分

扩展实验

扩展实验一
二进制计数器

一、实验目的

(1)掌握二进制加法和减法计数器工作原理和使用方法。

(2)学会计数器的调整及测试。

(3)掌握任意进制计数器的设计方法。

二、实验仪器与器材

数字电路实验箱、数字示波器、D 触发器 74LS74。

三、实验原理

计数器是数字系统中用得较多的基本逻辑器件。它不仅能记录输入时钟脉冲的个数，还可以实现分频、定时、产生节拍脉冲和脉冲序列等。例如，计算机中的时序发生器、分频器、指令计数器等都要使用计数器。计数器的种类很多，按时钟脉冲输入方式的不同，可分为同步计数器和异步计数器；按计数过程中数字增减趋势的不同，可分为加计数器、减计数器和可逆计数器；按进位体制的不同，可分为二进制计数器和非二进制计数器。

二进制计数器：按二进制数运算规律进行计数的电路称作二进制计数器。十进制计数器：按十进制数运算规律进行计数的电路称作十进制计数器。任意进制计数器：二进制计数器和十进制计数器之外的其他进制计数器统称为任意进制计数器。

本实验利用四个 D 触发器或 JK 触发器串接，组成 4 位异步二进制计数器。计数器的每级按逢二进一的计数规则，由低位向高位进位，可以对输入的一串计数脉冲进行计数，并以十六为一个计数循环，其累计脉冲数为 2^N（N 为计数位数）。

四、实验内容及步骤

1. 二进制加法计数器

(1)按图 5.1.1 搭接电路。

(2)清零。使四个 D 触发器的 $RD'=0$，使各计数器处在 $Q=0$，$Q'=1$ 的"0"状态。

(3)计数。送第一个计数脉冲，计数器为 0001 状态；送第二个计数脉冲，最低位计数器由 1 到此为止，并向高位送出一个进位脉冲，使第二级触发器翻转，成为 0010 状态。依此类推，分别送入十六个脉冲，观察实验结果。

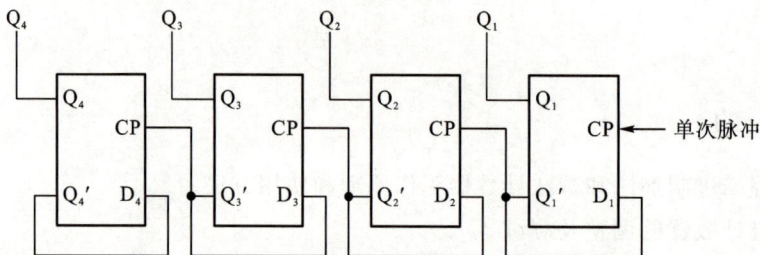

图 5.1.1　二进制加法计数器

2. 二进制减法计数器

将图 5.1.1 稍加变动即可实现减法的功能，如图 5.1.2 所示。

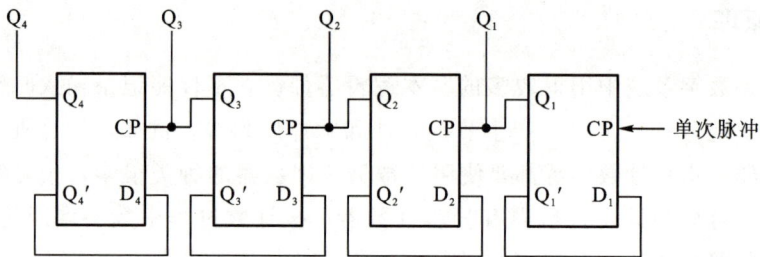

图 5.1.2　二进制减法计数器

(1)按图 5.1.2 搭接电路。

(2)清零。使四个 D 触发器的 $R_D'=0$，使各计数器处在 $Q=0$，$Q'=1$ 的"0"状态。

(3)给单次脉冲端输入时钟信号，观察 Q_1、Q_2、Q_3、Q_4 的状态。

3. 设计一个十进制计数器

在图 5.1.1 的基础上，设计一个由 D 触发器连接的异步十进制计数器。

(1)按照所设计的电路图搭接电路。

(2)清零：使各触发器处于"0"状态。

(3)计数：计数器 CP 端加单次脉冲，观察 Q_1、Q_2、Q_3、Q_4 的状态。

五、实验报告要求

(1)记录实验数据。

(2)画出设计图，并用文字说明设计思路。

六、思考题

同步计数器与异步计数器有何区别？它们各有何优缺点？

扩展实验二
随机存储器

一、实验目的

(1)了解随机存储器的组成及工作原理。

(2)熟悉随机存储器的数据读、写过程的使用方法及注意事项。

二、实验仪器与器材

数字电路实验箱、台式万用表、随机存储器 RAM2114。

三、实验原理

存储器属于大规模集成电路，在计算机和许多数字系统中，需要用存储器来存放二进制信息，进行各种特定的操作。存储器是计算机系统和现代电子系统和设备不可缺少的组成部分。

1. 存储器的基本分类

存储器的类型较多，若从数据的存、取功能上可分为只读存储器(ROM，read-only memory)和随机存储器(RAM，random access memory)两大类。随机存储器又称读写存储器，它不仅能读取存放在存储单元中的数据，还能随时写入新的数据。新的数据写入后，原来的数据就丢失了。器件在断电后，RAM 中的信息将全部丢失，因此 RAM 常用于存入需要经常改变的程序或中间计算结果。ROM 在使用时，数据只能读取却不能写入，即使器件断电后，ROM 中的信息也不会丢失，因此只读存储器一般用来存放一些固定的程序，如监控程序、子程序、字库及数据表等。

2. 随机存储器的内部结构

RAM 的基本结构主要由存储矩阵、地址译码器、读/写控制电路，以及输入/输出缓冲电路等组成。存储矩阵是 RAM 的主体，一个 RAM 由若干个存储单元组成，每个存储单元可存放 1 位二进制数。为了存储方便，通常将存储单元设计成矩阵形式，称为存储矩阵。存储器的存储单元越多，能存储的信息就越多，该存储器的容量就越大。

为了对存储矩阵中的某个存储单元进行数据读写，需对每个存储单元所在地址进行编码，然后输入地址码，借助地址译码器就能找到存储矩阵中相对应的存储单元。RAM 的输入/输出常采用三态门作为输出缓冲电路，以此实现读/写控制，对选中的存储单元进行读出或写入功能的操作。

图 5.2.1 是随机存储器芯片 2114 的符号图。2114 是一种常用的 1024 字×4 位静态随机存储器。

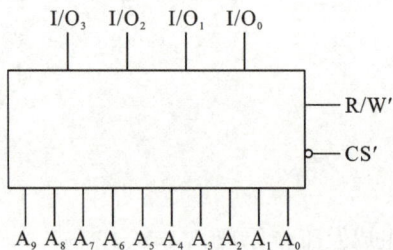

图 5.2.1　随机存储器芯片 2114 符号图

$A_0\sim A_9$ 是地址输入端，6 条用于行译码，4 条用于列译码，在已选定的存储单元进行读/写操作。CS' 是片选信号控制端，R/W' 是读/写选通信号端，$I/O_0\sim I/O_3$ 是数据的输入输出端。

图 5.2.2 为 RAM2114 读写电路。

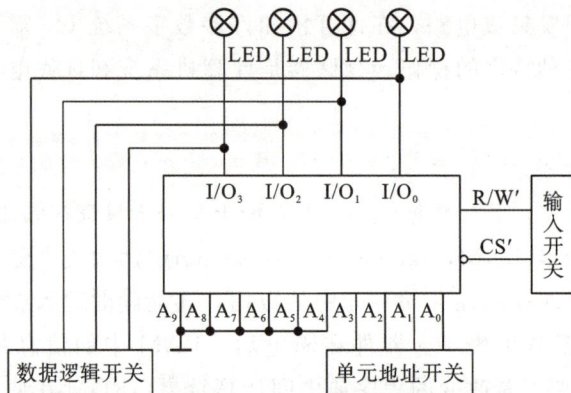

图 5.2.2　RAM2114 读写电路

四、实验内容及步骤

（1）按图 5.2.2 接好电路。因 RAM2114 是 MOS(金属氧化物半导体，metal-oxide semiconductor)器件，使用时需小心，接好电路后要仔细检查，然后接通电源。

（2）RAM2114 的写功能操作。

①按照表 5.2.1 输入单元地址后，在 CS' 与 R/W' 两个端口的输入开关输入两个低电平(CS'＝0、R/W'＝0)。

②在数据逻辑开关进行数据的写入。此时 $I/O_0 \sim I/O_3$ 与数据逻辑开关相连，与 LED 断开。

(3)RAM2114 的读功能操作。

①断开数据逻辑开关与 $I/O_0 \sim I/O_3$ 的连接，将 $I/O_0 \sim I/O_3$ 与 LED 相连。

②输入表 5.2.1 中的单元地址，将随机存储器 RAM2114 置于读功能操作，即 CS'＝0、R/W'＝1。

③观察 LED 的状态是否与写入的数据一样。

表 5.2.1　读写数据测试

CS'	R/W'	单元地址	数据写入	数据读出
0	0	0 0 0 0	1 1 1 1	
0	0	0 0 1 0	1 0 0 1	
0	0	1 0 0 0	0 1 0 0	
0	1	0 0 0 0		
0	1	0 0 1 0		
0	1	1 0 0 0		

注：存储器读写操作顺序为首先输入单元地址，其次选择片选信号，最后选择读或写状态。

(4)片选信号 CS' 功能测试。

当 CS'＝0 时，RAM2114 可在读/写端口的配合下进行数据的写入与读出。当 CS'＝1 时，则所有的 I/O 端均处于高阻状态，将存储器内部电路与外部连线隔离。这时用万用表测量 $I/O_0 \sim I/O_3$ 端口的电压值，填表 5.2.2。

表 5.2.2　片选功能测试

CS'	I/O_0	I/O_1	I/O_2	I/O_3
1				

(5)断开电源，稍等后重新通电，观察第 2 步写入的数据是否还存在。

五、思考题

(1)动态存储器和静态存储器在电路结构和读/写操作上有何不同？

(2)地址线 $A_9 \sim A_0$ 可选择多少单元地址？

(3)RAM2114 是一个 1024×4 位 RAM，若用两片 2114 组成一个 1024×8 位的 RAM，应如何连线？

⊏ 扩展实验三

数模、模数转换器

一、实验目的

(1)学习使用中、大规模集成电路,掌握数模、模数转换基本原理。

(2)了解数模、模数转换器的接线方法。

二、实验仪器与器材

数字电路实验箱、台式万用表、DAC0808、ADC0809、74LS90、电阻及电位器。

三、实验原理

1. 数模转换

数模转换器(又称 D/A 转换器或 DAC)其电路的功能是完成数字信号到模拟信号的转换,它把输入的数字信号进行转换,输出为模拟电压量。其输出电压 U_D 和输入数字量 D 成正比。即 $U_D = D \cdot U_{REF}$。D/A 转换器的种类很多,本实验采用数模转换器 DAC0832。

D/A 转换器 DAC0832 为 20 脚双列直插式封装。引脚图如图 5.3.1 所示,各引脚名称及功能见表 5.3.1。

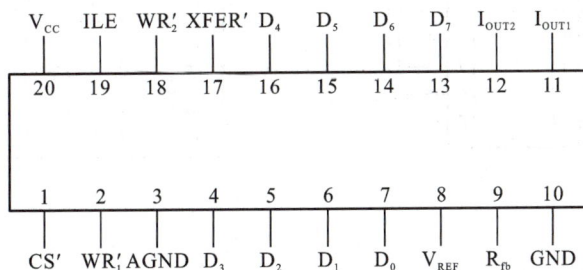

V_{CC}	ILE	WR_2'	XFER'	D_4	D_5	D_6	D_7	I_{OUT2}	I_{OUT1}
20	19	18	17	16	15	14	13	12	11
1	2	3	4	5	6	7	8	9	10
CS'	WR_1'	AGND	D_3	D_2	D_1	D_0	V_{REF}	R_{fb}	GND

图 5.3.1 D/A 引脚图

表 5.3.1　引脚名称及功能

符号	功能
CS$'$	输入寄存选择信号，低电平有效
WR$_1'$	低电平有效，输入寄存器的"写"选通信号
AGND	模拟信号地，D/A 转换芯片输入的是数字信号，输出为模拟信号。为了提高输出的稳定性和减少误差，所以模拟信号部分有独立的地线
D$_0 \sim$D$_7$	数字信号输入线
V$_{REF}$	基准电压输入
R$_{fb}$	反馈信号输入线
XFER$'$	数据转移控制信号线，低电平有效
WR$_2'$	DAC 寄存器的"写"选通信号
ILE	数据锁存允许信号，高电平有效
I$_{OUT1}$、I$_{OUT2}$	两个电流输出端

2. 模数(A/D)转换

模数(A/D)转换电路的功能是将连续变化的模拟信号转换成数字信号，按 A/D 转换的原理可分为并行方式、双积分式、逐次逼近式等。本实验采用逐次逼近式的 ADC0809 模数转换芯片。ADC0809 的通道选择表见表 5.3.2，管脚图如图 5.3.2 所示。

表 5.3.2　ADC0809 通道选择表

C	B	A	ALE	被选通道
0	0	0	↑	IN$_0$
0	0	1	↑	IN$_1$
0	1	0	↑	IN$_2$
0	1	1	↑	IN$_3$
1	0	0	↑	IN$_4$
1	0	1	↑	IN$_5$
1	1	0	↑	IN$_6$
1	1	1	↑	IN$_7$

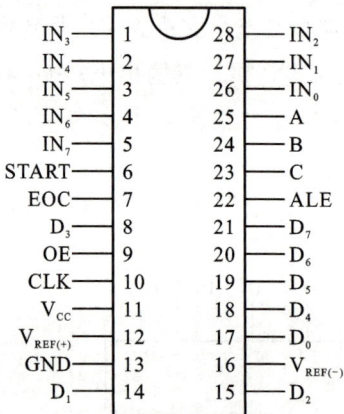

图 5.3.2　管脚图

IN$_0 \sim$IN$_7$：8 路模拟量输入端。

D$_0 \sim$D$_7$：8 路数字量输入端。

A、B、C：地址选择输入端。

START：启动脉冲输入端。

ALE：地址锁存允许信号输入端。

EOC：变换结束信号。

OE：输出允许信号，高电平有效。

CLK：工作时钟输入端，典型值为 640 kHz，但在 10～1280 kHz 均能工作。

四、实验内容及步骤

1. D/A 转换实验内容

(1)按图 5.3.3 接线，$D_0 \sim D_7$ 接数据开关，CS′、WR1′、WR2′、XFER′端接"0"，AG(AGND)和 DG(DGND)相连接地，运放电源为±12 V。改变 $D_0 \sim D_7$ 的输入状态，测量 U_0 输出值，并将测量结果填入表 5.3.3。

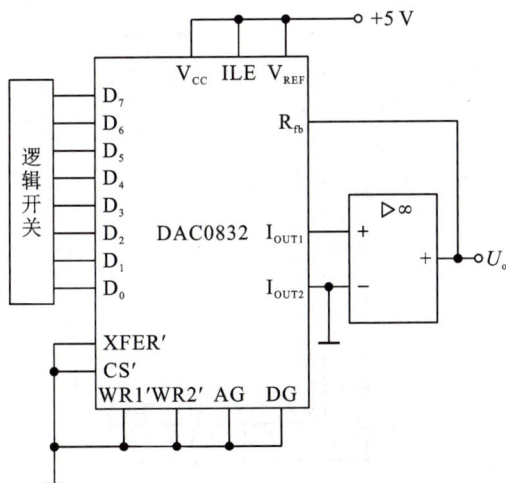

图 5.3.3　D/A 转换实验电路图

表 5.3.3　D/A 转换电路功能测试

输入								输出
D_7	D_6	D_5	D_4	D_3	D_2	D_1	D_0	U_0
0	0	0	0	0	0	0	0	
0	0	0	0	0	0	0	1	
0	0	0	0	0	0	1	1	
0	0	0	0	0	1	1	0	
0	0	0	0	0	1	1	1	
0	0	0	0	1	0	0	0	
0	0	0	0	1	0	0	1	

续表

输入								输出
D_7	D_6	D_5	D_4	D_3	D_2	D_1	D_0	U_o
0	0	0	0	1	1	1	1	
1	1	1	1	0	0	0	0	
1	1	1	1	0	0	0	1	
1	1	1	1	0	0	1	1	
1	1	1	1	0	1	1	0	
1	1	1	1	0	1	1	1	
1	1	1	1	1	0	0	0	
1	1	1	1	1	0	0	1	
1	1	1	1	1	1	1	1	

（2）按图 5.3.4 接线，CP_a 接 1 kHz 方波，用示波器观察 U_o 的波形并记录。

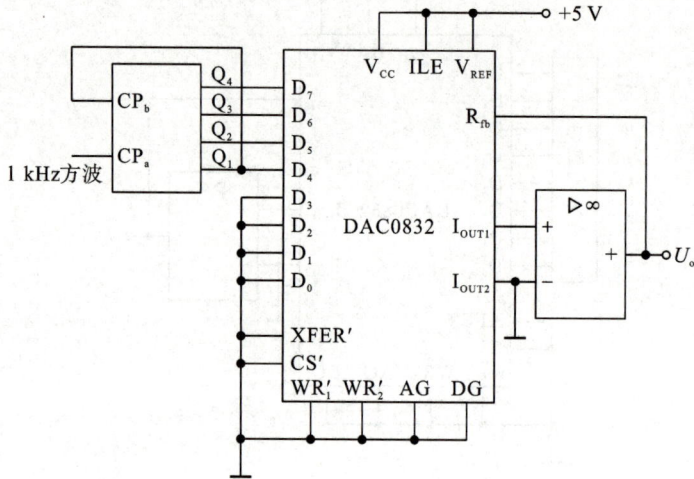

图 5.3.4 D/A 转换波形电路图

（3）如果计数器的输出接到 DAC0832 的低四位，高四位接地，重复上述步骤，观察输出波形，填入表 5.3.4。

表 5.3.4 波形记录

输入数字量	输出波形
$D_0 \sim D_3 = 0$；$D_4 \sim D_7 = Q_1 \sim Q_4$	
$D_0 \sim D_3 = Q_1 \sim Q_4$；$D_4 \sim D_7 = 0$	

2. A/D 转换

按图 5.3.5 接线，其中通道地址输入端 A、B、C 接数据开关，CLK 接连续时钟脉冲信号，$D_0 \sim D_7$ 接输出发光二极管。

(1)接线检查无误后接通电源，使 CP 脉冲信号为 2 kHz，使 A、B、C 为 0，调节直流电压源使 $U_i = 4$ V，再给一个单次脉冲，给一个首先出现上升沿的正向单次脉冲，观察输出 $D_0 \sim D_7$ 状态，填入表 5.3.5。

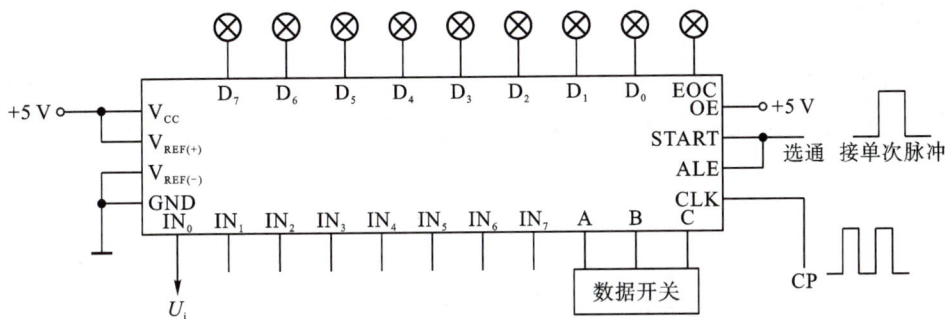

图 5.3.5　A/D 转换电路图

表 5.3.5　A/D 转换电路功能测试

U_i/V	输出							
	D_7	D_6	D_5	D_4	D_3	D_2	D_1	D_0
4.0								
3.5								
3.0								
2.5								
2.0								
1.5								
1.0								
0.5								
0.2								
0.1								
0								

(1)调节 U_i，使 $D_0 \sim D_7$ 全为 1，测量这时的输入电压值。

(2)改变数据开关使 C、B、A 为 0、0、1，调节 U_i，使 $D_0 \sim D_7$ 全为 1，测量这时的输入电压值。

(3)改变数据开关使 C、B、A 为 1、1、1，调节 U_i，使 $D_0 \sim D_7$ 全为 1，测量这时的输入电压值。

五、实验报告要求

(1)分析 D/A 转换的输出波形，简述其原理。

(2)把 U_i 作为横轴，D 作为纵轴，绘制 A/D 转换的 U_i-D 曲线。

六、思考题

在 A/D 转换中，利用公式 $D=256\times U_i/U_{REF}$（ADC 可以实现模拟量的除法运算），求出各个 U_i 对应的 D，列表将计算值与读得的数据进行比较，并分析误差产生的原因。

▷ 扩展的课程设计

电子脉搏计

一、设计指标

设计一个脉搏计，要求实现用 15 s 测量脉搏数并换算为 1 min 脉搏数，并且显示其数字。

二、设计方案

由给出的设计技术指标可知，脉搏计是用来测量频率较低的小信号（传感器输出电压一般为几毫伏），它的基本功能应该包括：

(1)用传感器将脉搏的跳动转换为电压信号，并加以放大和滤波整形。

(2)在短时间内(15 s 内)测出每分钟的脉搏数。

满足上述设计功能可以实施的方案如图 5.4.1 所示。

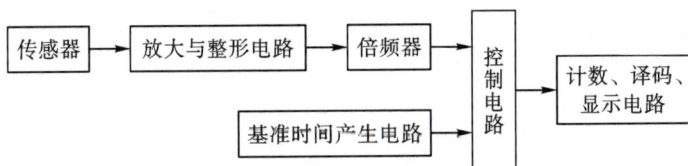

图 5.4.1　电子脉搏计设计方案框图

图中各部分的作用如下：

(1)传感器将脉搏跳动信号转换为与此相对应的电脉冲信号。

(2)放大与整形电路将传感器的微弱信号放大，整形电路除去杂散信号。

(3)倍频器将整形后所得到的脉冲信号的频率提高，如将 15 s 内传感器所获得的信号频率乘以 4，即可得到对应 1 min 脉冲总数，从而缩短测量时间。

(4)基准时间产生电路可生成短时间的控制信号，以精确控制测量时间。

(5)控制电路用以保证在基准时间控制下，将脉冲信号送到计数、显示电路中。

(6)计数、译码、显示电路用来读出脉搏数，并以十进制数的形式由数码管显示出来。

上述测量过程中，由于对脉冲进行了 4 倍频，计数时间也相应地缩短为 1/4(15 s)，而数码管显示的数字却是 1 min 的脉搏跳动次数。用这种方案测量的误差为 ±4 次/min，测量时间越短，误差越大。

三、设计提示及参考电路

1. 放大与整形电路

使用放大与整形电路的原因是由传感器将脉搏信号转换为电信号，一般为几十毫伏，必须加以放大，以达到整形电路所需的电压(一般为几伏)。放大后的信号波形是不规则的，因此必须加以滤波整形，整形电路的输出电压应满足计数器的要求。

(1)选择电路。放大与整形方案图如图 5.4.2 所示。

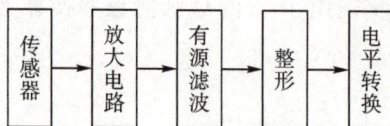

图 5.4.2　放大与整形方案图

(2)传感器采用了红外光电转换器，作用是通过红外光照射人的手指的血脉流动情况，把脉搏跳动转换为电信号，其原理电路如图 5.4.3 所示。图中，VD 为红外线发光管，V 为接收三极管。用 +5 V 电源供电，$R_1 = 500\ \Omega$，$R_2 = 10\ k\Omega$。

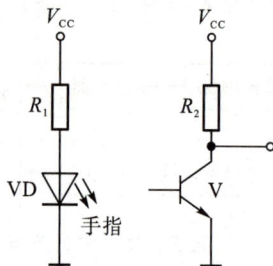

图 5.4.3　传感器信号调节原理电路

(3)由于传感器输出电阻比较高，故放大电路采用了同相放大器，如图 5.4.4 所示，运算放大器采用 LM324，放大电路的电压放大倍数为 10 倍左右，电路参数如下：$R_4 = 100\ k\Omega$，$R_5 = 910\ k\Omega$，R_3 为 $10\ k\Omega$ 电位器，$C_1 = 100\ \mu F$。

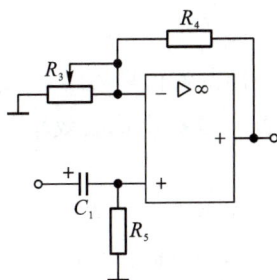

图 5.4.4　放大电路

　　(4)本设计采用二阶压控有源低通滤波电路,如图 5.4.5 所示,该电路的作用是把脉搏信号中的高频干扰信号去掉,同时把脉搏信号加以放大。为了去掉脉搏信号中的干扰尖脉冲,所以有源滤波电路的截止频率为 1 kHz 左右。为了使脉搏信号放大到整形电路所需的电压值,通常电压放大倍数选用 1.6 倍左右。集成运算放大器采用 LM324。电路参数如下：$R_6 = R_7 = R_8 = 30$ kΩ, $R_9 = 16$ kΩ, $C_2 = C_3 = 0.01$ μF。

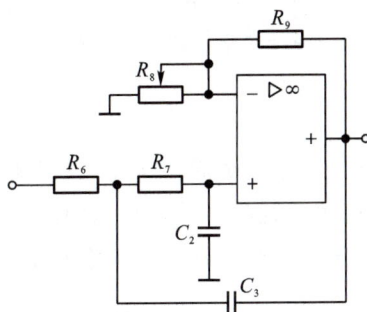

图 5.4.5　有源滤波电路

　　(5)整形电路经过放大滤波后的脉搏信号仍是不规则的脉冲信号,且有低频干扰,仍不满足计数器的要求,必须采用整形电路,这里选用了滞回电压比较器,如图 5.4.6 所示,其目的是提高抗干扰能力,集成运算放大器采用 LM339,电路参数如下：$R_{10} = 5.1$ kΩ, $R_{11} = 100$ kΩ, $R_{12} = 5.1$ kΩ。

　　(6)由比较器输出的脉冲信号是一个正负脉冲信号,不满足计数器要求,故采用电平转换电路。

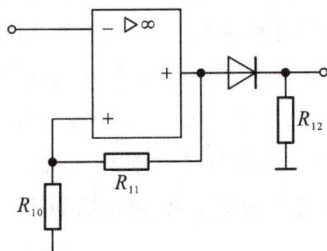

图 5.4.6　整形及电平转换电路

2. 倍频电路

该电路的作用是将放大整形后的脉搏信号乘以 4，以便用 15 s 测出 1 min 内的人体脉搏跳动次数，从而缩短测量时间，以提高诊断效率。本实验采用异或门组成的 4 倍频电路，如图 5.4.7 所示。

G_1 和 G_2 构成二倍频电路，利用第一个异或门的延迟时间对第二个异或门产生作用。电容器的作用是增加延迟时间，从而加大输出脉冲宽度。电路参数如下：$C_4 = 0.047\ \mu F$，$R_{13} = R_{14} = 16\ k\Omega$。由两个二倍频电路构成了四倍频电路，其中异或门选用 74LS86。

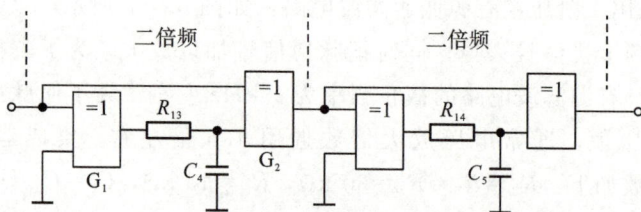

图 5.4.7　四倍频电路

3. 基准时间产生电路

基准时间产生电路的功能是产生一个周期为 30 s（即脉冲宽度为 15 s）的脉冲信号，以控制在 15 s 内完成一分钟的测量任务。我们采用如图 5.4.8 所示的方案。由框图可知，该电路由秒脉冲发生器、十五分频器和二分频器组成。

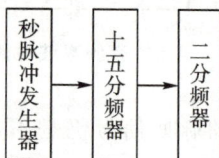

图 5.4.8　基准时间产生电路框图

（1）秒脉冲发生器。

秒脉冲发生器的电路如图 5.4.9、图 5.4.10 所示，为了保证基准时间的准确，因此采用石英晶体振荡器，并经多级分频电路后获得秒脉冲信号。从电路的体积、成本及分频方式考虑，通常石英晶振频率为 32 768 Hz，反相器采用 CMOS 器件，振荡频率基本等于石英晶体的谐振频率，改变 C7 的大小对振荡频率有微调作用，图 5.4.9 中 $R_{15} = 51\ k\Omega$，$R_{16} = 51\ k\Omega$，$C_6 = 56\ pF$，$C_7 = 3 \sim 56\ pF$，反相器采用 CC4060 反相器。选用 CC4060 反相器对 32 768 Hz 的脉冲信号进行 14 次二分频，产生一个 2 Hz 的脉冲信号，再用 74LS74D 触发器进行二分频，得到周期为 1 s 的脉冲信号。

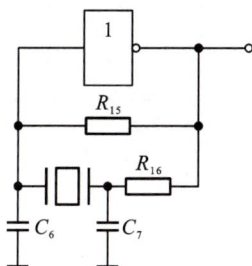

图 5.4.9　石英晶体振荡器电路

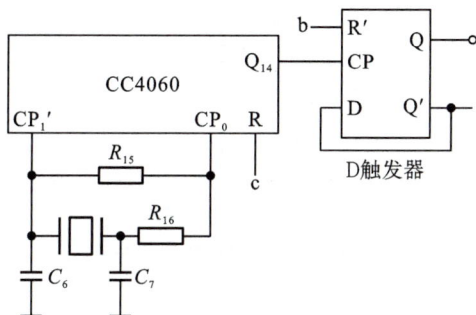

图 5.4.10　分频电路

（2）十五分频和二分频。

十五分频和二分频电路如图 5.4.11 所示，由 74LS161 组成十五进制计数器，进行十五分频，再用 74LS74D 触发器进行二分频，产生一个周期为 30 s 的方波，即一个脉宽为 15 s 的脉冲信号。

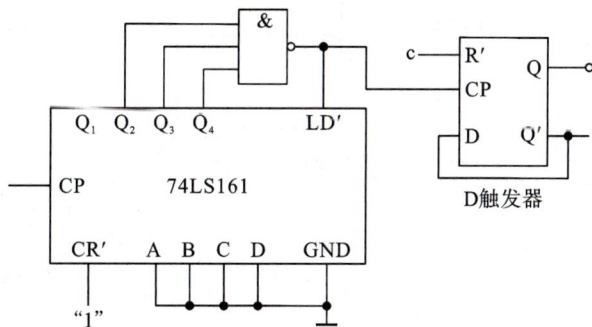

图 5.4.11　十五分频和二分频电路

4. 计数译码显示电路

该电路的功能是读出脉搏数，以十进制数的形式用数码管显示出来。本实验采用 3 位十进制计数器。该电路用双 BCD 同步十进制计数器 CC4518 构成 3 位十进制加法计数器，用 BCD - 七段译码器 CC4511 译码，用七段数码管完成脉搏数显示。电路图如图 5.4.12 所示。

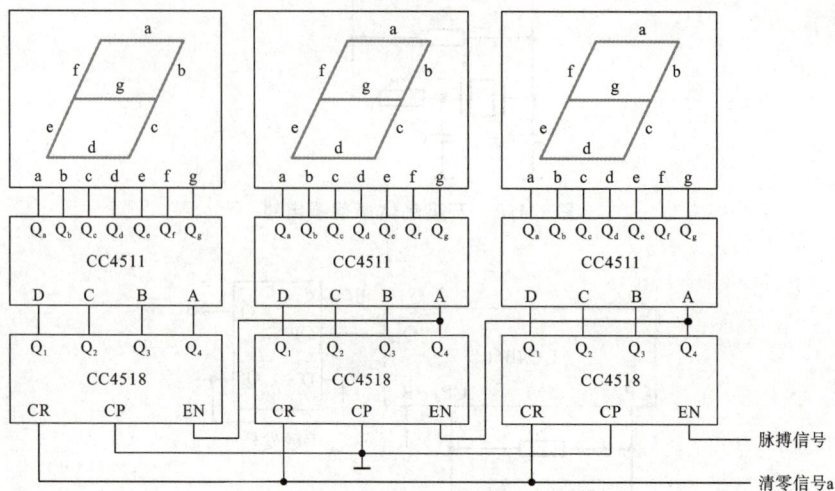

图 5.4.12　计数译码显示电路

5. 控制电路

控制电路的作用主要是控制脉搏信号经放大、整形、倍频后进入计数器的时间，另外还应具有为各部分电路清零等功能。具体电路图如图 5.4.13 所示。由图可知清零信号 a 控制计数器 CC4518 的清零端，清零信号 b 控制十五分频器 74LS161 的清零端，清零信号 c 控制 D 触发器和十四分频器 CC4060 的清零端。

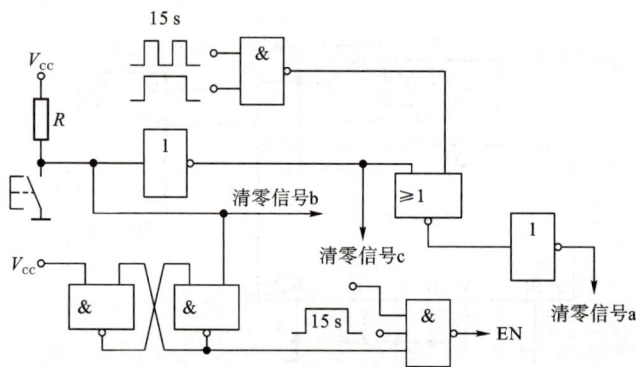

图 5.4.13　控制电路

四、设计要求

(1)画出总方框图，划分各单元电路的功能，并进行各单元的设计。

（2）画出逻辑图和装配图，并在面包板上组装电路，检查无误后，通电调试检测，在各模块正常工作后，进行模拟测试，查看各部分电路是否正常。

（3）对出现的故障进行分析，说明解决问题的方法。

（4）写出总结报告，画出总体电路图。

（5）用仿真软件进行仿真，查看仿真结果。

（6）说明由集成运算放大器组成的电压放大电路、有源滤波电路、电压比较器的设计方法及参数计算。

（7）详细说明控制电路的工作原理。

附录

（1） 四 2 输入与门

$$Y = AB$$

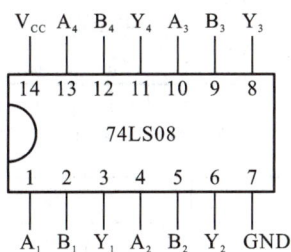

（2） 双 4 输入与门

$$Y = ABCD$$

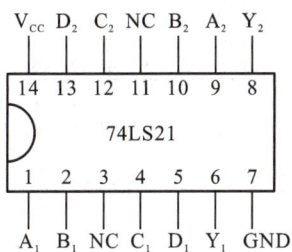

（3） 四 2 输入与非门

$$Y = \overline{AB}$$

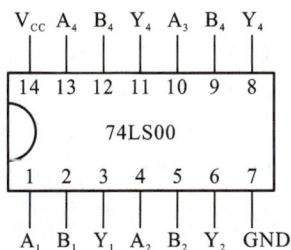

（4） 双 4 输入与非门

$$Y = \overline{ABCD}$$

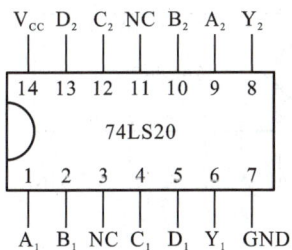

（5） 四 2 输入或门

$$Y = A + B$$

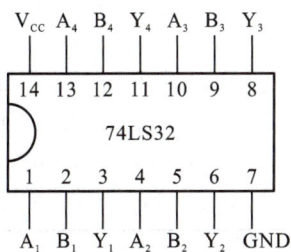

（6） 四 2 输入或非门

$$Y = \overline{A + B}$$

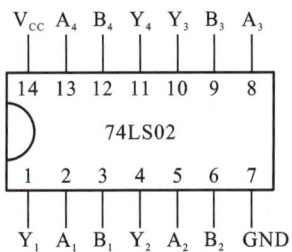

（7）　四 2 输入异或门

$$Y = A \oplus B$$

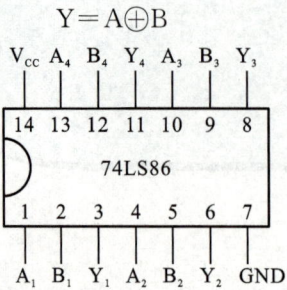

（8）　六反相器

$$Y = \bar{A}$$

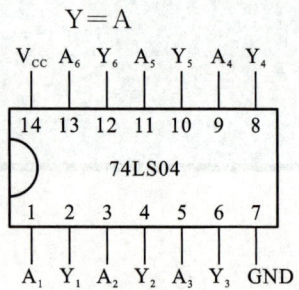

（9）　三态门

$$Y = A（E' 为高电平时，输出禁止）$$

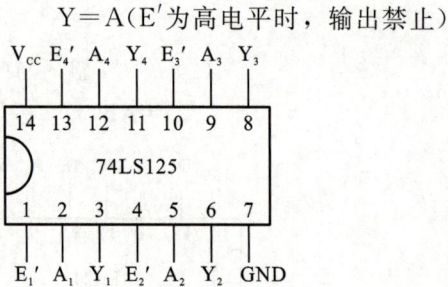

（10）　四路输入与或非门

$$Y = \overline{AB + CDE + FGH + IJ}$$

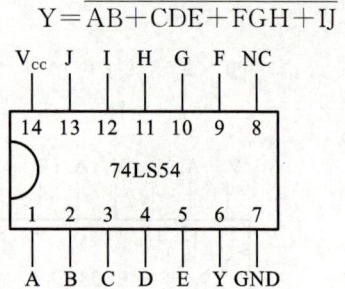

（11）　4 线 - 7 段译码器

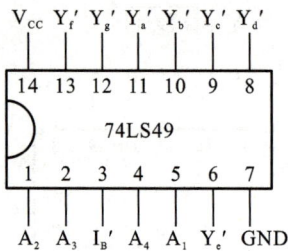

十进制数或功能	输入					输出						
	A_1	A_2	A_3	A_4	I'_B	Y'_a	Y'_b	Y'_c	Y'_d	Y'_e	Y'_f	Y'_g
0	0	0	0	0	1	1	1	1	1	1	1	0
1	0	0	0	1	1	0	1	1	0	0	0	0
2	0	0	1	0	1	1	1	0	1	1	0	1
3	0	0	1	1	1	1	1	1	1	0	0	1
4	0	1	0	0	1	0	1	1	0	0	1	1
5	0	1	0	1	1	1	0	1	1	0	1	1
6	0	1	1	0	1	0	0	1	1	1	1	1
7	0	1	1	1	1	1	1	1	0	0	0	0
8	1	0	0	0	1	1	1	1	1	1	1	1
9	1	0	0	1	1	1	1	1	0	0	1	1
10	1	0	1	0	1	0	0	0	1	1	0	1
11	1	0	1	1	1	0	0	1	1	0	1	1
12	1	1	0	0	1	0	1	0	0	0	1	1
13	1	1	0	1	1	1	0	0	1	0	1	1
14	1	1	1	0	1	0	0	0	1	1	1	1
15	1	1	1	1	1	0	0	0	0	0	0	0
BI	×	×	×	×	0	0	0	0	0	0	0	0

（12） 10 线 - 4 线优先编码器

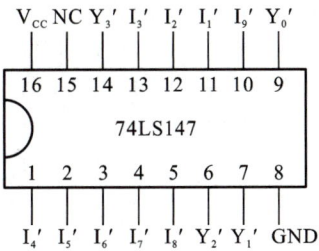

I'$_1$	I'$_2$	I'$_3$	I'$_4$	I'$_5$	I'$_6$	I'$_7$	I'$_8$	I'$_9$	Y'$_3$	Y'$_2$	Y'$_1$	Y'$_0$
1	1	1	1	1	1	1	1	1	1	1	1	1
×	×	×	×	×	×	×	×	0	0	1	1	0
×	×	×	×	×	×	×	0	1	0	1	1	1
×	×	×	×	×	×	0	1	1	1	0	0	0
×	×	×	×	×	0	1	1	1	1	0	0	1
×	×	×	×	0	1	1	1	1	1	0	1	0
×	×	×	0	1	1	1	1	1	1	0	1	1
×	×	0	1	1	1	1	1	1	1	1	0	0
×	0	1	1	1	1	1	1	1	1	1	0	1
0	1	1	1	1	1	1	1	1	1	1	1	0

（13） 8 线 - 3 线优先编码器

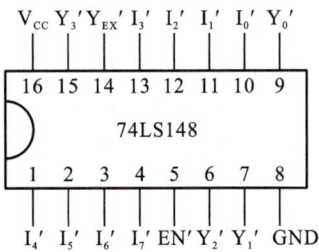

EN	I'$_0$	I'$_1$	I'$_2$	I'$_3$	I'$_4$	I'$_5$	I'$_6$	I'$_7$	Y'$_{EX}$	Y'$_3$	Y'$_2$	Y'$_1$	Y'$_0$
1	×	×	×	×	×	×	×	×	1	1	1	1	1
0	1	1	1	1	1	1	1	1	1	0	1	1	1
0	×	×	×	×	×	×	×	0	0	1	0	0	0
0	×	×	×	×	×	×	0	1	0	1	0	0	1
0	×	×	×	×	×	0	1	1	0	1	0	1	0
0	×	×	×	×	0	1	1	1	0	1	0	1	1
0	×	×	×	0	1	1	1	1	0	1	1	0	0
0	×	×	0	1	1	1	1	1	0	1	1	0	1
0	×	0	1	1	1	1	1	1	0	1	1	1	0
0	0	1	1	1	1	1	1	1	0	1	1	1	1

（14） 双 2 线 - 4 线译码器

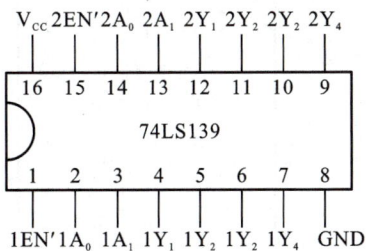

输入			输出			
EN'	A$_1$	A$_0$	Y'$_1$	Y'$_2$	Y'$_3$	Y'$_4$
1	×	×	1	1	1	1
0	0	0	0	1	1	1
0	0	1	1	0	1	1
0	1	0	1	1	0	1
0	1	1	1	1	1	0

（15）　4线-10线译码器(BCD 输入)

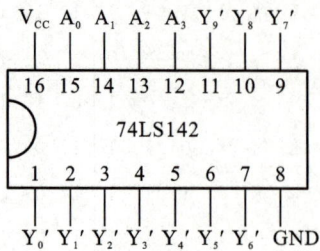

A_3	A_2	A_1	A_0	Y_0'	Y_1'	Y_2'	Y_3'	Y_4'	Y_5'	Y_6'	Y_7'	Y_8'	Y_9'
0	0	0	0	0	1	1	1	1	1	1	1	1	1
0	0	0	1	1	0	1	1	1	1	1	1	1	1
0	0	1	0	1	1	0	1	1	1	1	1	1	1
0	0	1	1	1	1	1	0	1	1	1	1	1	1
0	1	0	0	1	1	1	1	0	1	1	1	1	1
0	1	0	1	1	1	1	1	1	0	1	1	1	1
0	1	1	0	1	1	1	1	1	1	0	1	1	1
0	1	1	1	1	1	1	1	1	1	1	0	1	1
1	0	0	0	1	1	1	1	1	1	1	1	0	1
1	0	0	1	1	1	1	1	1	1	1	1	1	0
1	0	1	0										
～						高电平							
1	1	1	1										

（16）　3线-8线译码器

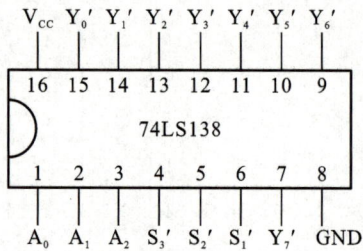

S_1	$\overline{S_2+S_3}$	A_2	A_1	A_0	Y_0'	Y_1'	Y_2'	Y_3'	Y_4'	Y_5'	Y_6'	Y_7'
×	1	×	×	×	1	1	1	1	1	1	1	1
0	×	×	×	×	1	1	1	1	1	1	1	1
1	0	0	0	0	0	1	1	1	1	1	1	1
1	0	0	0	1	1	0	1	1	1	1	1	1
1	0	0	1	0	1	1	0	1	1	1	1	1
1	0	0	1	1	1	1	1	0	1	1	1	1
1	0	1	0	0	1	1	1	1	0	1	1	1
1	0	1	0	1	1	1	1	1	1	0	1	1
1	0	1	1	0	1	1	1	1	1	1	0	1
1	0	1	1	1	1	1	1	1	1	1	1	0

（17）　4位二进制全加器

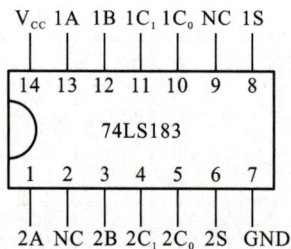

输入			输出	
A	B	C_0	S	C_1
0	0	0	0	0
0	0	1	1	0
0	1	0	1	0
0	1	1	0	1
1	0	0	1	0
1	0	1	0	1
1	1	0	0	1
1	1	1	1	1

（18） 双 4 选 1 数据选择器

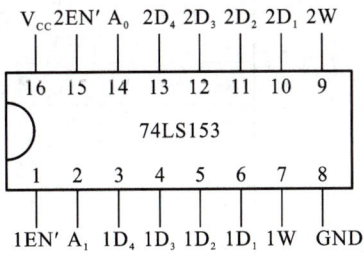

V_{CC} 2EN′ A_0 2D_4 2D_3 2D_2 2D_1 2W

16	15	14	13	12	11	10	9

74LS153

1	2	3	4	5	6	7	8

1EN′ A_1 1D_4 1D_3 1D_2 1D_1 1W GND

EN′	A_1	A_0	D_1	D_2	D_3	D_4	W
1	×	×	×	×	×	×	0
0	0	0	0	×	×	×	0
0	0	0	1	×	×	×	1
0	0	1	×	0	×	×	0
0	0	1	×	1	×	×	1
0	1	0	×	×	0	×	0
0	1	0	×	×	1	×	1
0	1	1	×	×	×	0	0
0	1	1	×	×	×	1	1

（19） 四位数值比较器

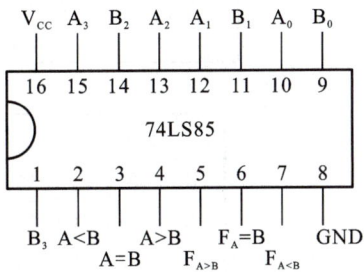

V_{CC} A_3 B_2 A_2 A_1 B_1 A_0 B_0

16	15	14	13	12	11	10	9

74LS85

1	2	3	4	5	6	7	8

B_3 A<B A>B F_A=B GND
A=B $F_{A>B}$ $F_{A<B}$

数据输入				级联输入			输出		
A_3 B_3	A_2 B_2	A_1 B_1	A_0 B_0	A>B	A=B	A<B	$F_{A>B}$	$F_{A=B}$	$F_{A<B}$
$A_3>B_3$	×	×	×	×	×	×	1	0	1
$A_3<B_3$	×	×	×	×	×	×	0	0	1
$A_3=B_3$	$A_2>B_2$	×	×	×	×	×	1	0	0
$A_3=B_3$	$A_2<B_2$	×	×	×	×	×	0	0	1
$A_3=B_3$	$A_2=B_2$	$A_1>B_1$	×	×	×	×	1	0	0
$A_3=B_3$	$A_2=B_2$	$A_1<B_1$	×	×	×	×	0	0	1
$A_3=B_3$	$A_2=B_2$	$A_1=B_1$	$A_0>B_0$	×	×	×	1	0	0
$A_3=B_3$	$A_2=B_2$	$A_1=B_1$	$A_0<B_0$	×	×	×	0	0	1
$A_3=B_3$	$A_2=B_2$	$A_1=B_1$	$A_0=B_0$	1	0	0	1	0	0
$A_3=B_3$	$A_2=B_2$	$A_1=B_1$	$A_0=B_0$	0	0	1	0	0	1
$A_3=B_3$	$A_2=B_2$	$A_1=B_1$	$A_0=B_0$	0	1	0	0	1	0
$A_3=B_3$	$A_2=B_2$	$A_1=B_1$	$A_0=B_0$	×	1	×	0	1	0
$A_3=B_3$	$A_2=B_2$	$A_1=B_1$	$A_0=B_0$	1	0	1	0	0	0
$A_3=B_3$	$A_2=B_2$	$A_1=B_1$	$A_0=B_0$	0	0	0	1	0	1

（20） 8 选 1 数据选择器

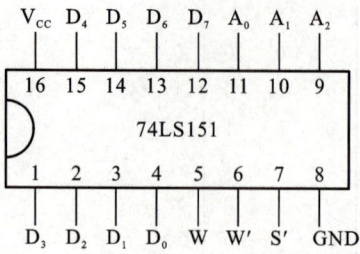

```
    Vcc  D4   D5   D6   D7   A0   A1   A2
    16   15   14   13   12   11   10    9
   ┌────────────────────────────────────┐
   (                74LS151              │
   └────────────────────────────────────┘
     1    2    3    4    5    6    7    8
    D3   D2   D1   D0    W   W'   S'  GND
```

输入			选择选通	输出	
A_2	A_1	A_0	S'	W	W'
$\times$	$\times$	$\times$	1	0	1
0	0	0	0	D_0	D'_0
0	0	1	0	D_1	D'_1
0	1	0	0	D_2	D'_2
0	1	1	0	D_3	D'_3
1	0	0	0	D_4	D'_4
1	0	1	0	D_5	D'_5
1	1	0	0	D_6	D'_6
1	1	1	0	D_7	D'_7

（21） 四 D 型触发器

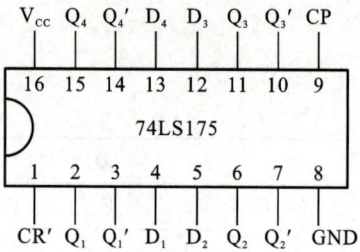

```
    Vcc  Q4   Q4'  D4   D3   Q3   Q3'  CP
    16   15   14   13   12   11   10    9
   ┌────────────────────────────────────┐
   (                74LS175              │
   └────────────────────────────────────┘
     1    2    3    4    5    6    7    8
    CR'  Q1   Q1'  D1   D2   Q2   Q2'  GND
```

输入			输出	
CR'	D	CP	Q_*	Q_*'
0	$\times$	$\times$	0	1
1	1	↑	1	0
1	0	↑	0	1
1	$\times$	0	Q	Q'

（22） 四位双稳态锁存器

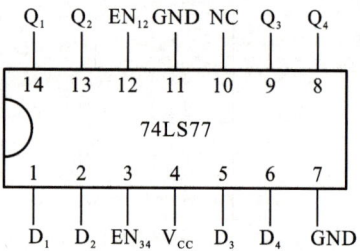

```
    Q1   Q2  EN12 GND  NC   Q3   Q4
    14   13   12   11   10    9    8
   ┌──────────────────────────────────┐
   (              74LS77              │
   └──────────────────────────────────┘
     1    2    3    4    5    6    7
    D1   D2  EN34 Vcc   D3   D4  GND
```

输入		输出
D	EN	Q_*
0	1	0
1	1	1
$\times$	0	Q

（23） 双上升沿 D 触发器

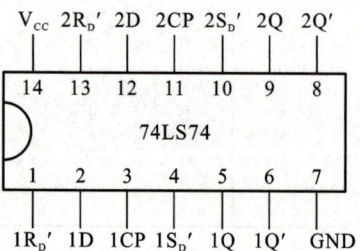

```
    Vcc  2RD' 2D   2CP  2SD' 2Q   2Q'
    14   13   12   11   10    9    8
   ┌──────────────────────────────────┐
   (              74LS74              │
   └──────────────────────────────────┘
     1    2    3    4    5    6    7
    1RD' 1D   1CP  1SD' 1Q   1Q'  GND
```

S'_D	R'_D	CP	D	Q_*	Q_*'
0	1	$\times$	$\times$	1	0
1	0	$\times$	$\times$	0	1
0	0	$\times$	$\times$	$\times$	$\times$
1	1	↑	1	1	1
1	1	↑	0	0	0
1	1	0	$\times$	Q	Q'

（24） 双下降沿 JK 触发器

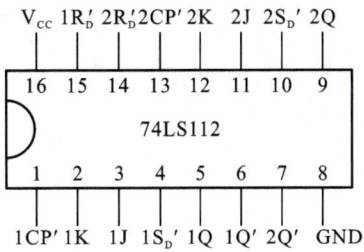

V_{cc} $1R_D'$ $2R_D'$ $2CP'$ $2K$ $2J$ $2S_D'$ $2Q$

16 15 14 13 12 11 10 9

74LS112

1 2 3 4 5 6 7 8

$1CP'$ $1K$ $1J$ $1S_D'$ $1Q$ $1Q'$ $2Q'$ GND

S_D'	R_D'	CP	J	K	Q	Q_*
1	1	×	×	×	×	Q
1	1	↓	0	0	×	Q
1	1	↓	0	1	×	0
1	1	↓	1	0	×	1
1	1	↓	1	1	×	Q
0	1	×	×	×	×	1
1	0	×	×	×	×	0

（25） 双下降沿 JK 触发器

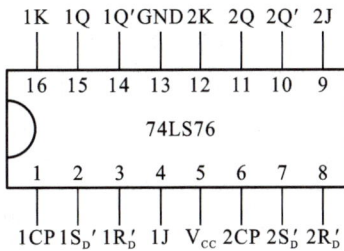

$1K$ $1Q$ $1Q'$ GND $2K$ $2Q$ $2Q'$ $2J$

16 15 14 13 12 11 10 9

74LS76

1 2 3 4 5 6 7 8

$1CP$ $1S_D'$ $1R_D'$ $1J$ V_{cc} $2CP$ $2S_D'$ $2R_D'$

S_D'	R_D'	CP	J	K	Q	Q_*
1	1	×	×	×	×	Q
1	1	↓	0	0	×	Q
1	1	↓	0	1	×	0
1	1	↓	1	0	×	1
1	1	↓	1	1	×	Q
0	1	×	×	×	×	1
1	0	×	×	×	×	0

（26） 4 位双向移位寄存器

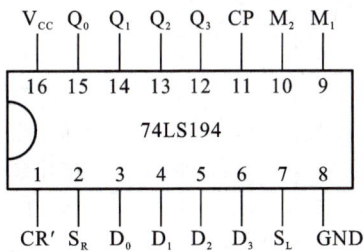

V_{cc} Q_0 Q_1 Q_2 Q_3 CP M_2 M_1

16 15 14 13 12 11 10 9

74LS194

1 2 3 4 5 6 7 8

CR' S_R D_0 D_1 D_2 D_3 S_L GND

C_R'	M_2	M_1	CP	功能
0	×	×	×	异步清除
1	0	0	×	保持
1	0	1	↑	右移
1	1	0	↑	左移
1	1	1	↑	并行置数

（27） 十进制同步计数

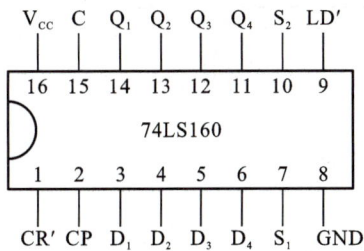

V_{cc} C Q_1 Q_2 Q_3 Q_4 S_2 LD'

16 15 14 13 12 11 10 9

74LS160

1 2 3 4 5 6 7 8

CR' CP D_1 D_2 D_3 D_4 S_1 GND

输入					输出
CP	LD'	R_D'	S_1	S_2	Q
×	×	0	×	×	全 0
↑	0	1	×	×	预置数
↑	1	1	1	1	计数
×	1	1	0	×	保持
×	1	1	×	0	保持

（28）　二-五-十进制异步计数器

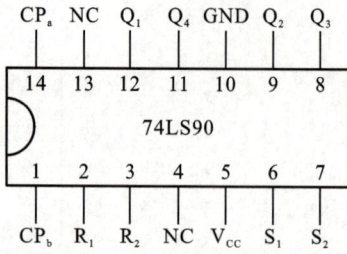

R$_1$	R$_2$	S$_1$	S$_2$	Q$_1$	Q$_2$	Q$_3$	Q$_4$
1	1	×	×	0	0	0	0
×	×	1	1	1	0	0	1
×	0	×	0	计数			
0	×	0	×	计数			
0	×	×	0	计数			
×	0	0	×	计数			

（29）　4 位二进制同步计数器

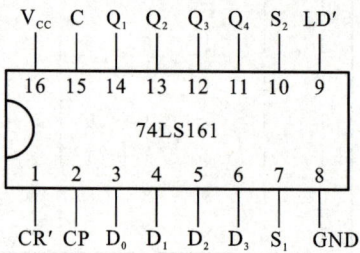

输入					输出
CP	LD′	CR′	S$_1$	S$_2$	Q
×	×	0	×	×	全 0
↑	0	1	×	×	预置数
↑	1	1	1	1	计数
×	1	1	0	×	保持
×	1	1	×	0	保持

（30）　十进制同步加/减计数器

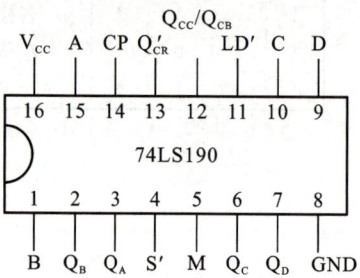

CP	S	M	LD′	Q$_{CC}$/Q$_{CB}$	Q′$_{CR}$	Q$_A$	Q$_B$	Q$_C$	Q$_D$
×	0	×	0	0	1	A	B	C	D
↑	0	0	1	0	1	加计数			
↓	0	0	1	0	1	保 持			
↑	0	1	1	0	1	减计数			
↓	0	1	1	0	1	保 持			
↑	0	0	1	⎍	⎍	1	1	1	1
						1	0	0	1
↑	0	1	1	⎍	⎍	0	0	0	0
×	1	×	1	0		保 持			

（31） 4位二进制同步加/减计数器

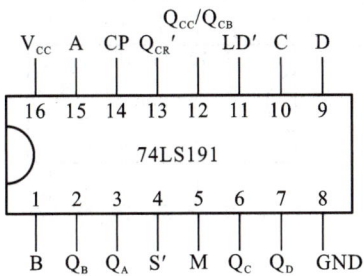

CP	S	M	LD'	Q_{CC}/Q_{CB}	Q'_{CR}	Q_1	Q_2	Q_3	Q_4
×	0	×	0	0	1	A	B	C	D
↑	0	0	1	0	1	加计数			
↓	0	0	1	0	1	保　持			
↑	0	1	1	0	1	减计数			
↓	0	1	1	0	1	保　持			
↑	0	0	1	⊓	⊓	1	1	1	1
						(1	0	0	1)
↑	0	1	1	⊓	⊓	0	0	0	0
×	1	×	1	0		保　持			

（32） 双时钟十进制加/减可逆计数器

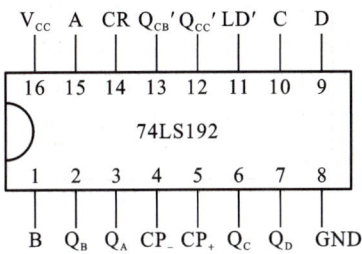

CP_U	CP_D	CR	LD'	Q_1	Q_2	Q_3	Q_4
×	×	1	×	0	0	0	0
×	×	0	0	D_1	D_2	D_3	D_4
↑	1	0	1	加法计数			
1	↑	0	1	减法计数			
1	1	0	1	保　持			

（33） 译码驱动器

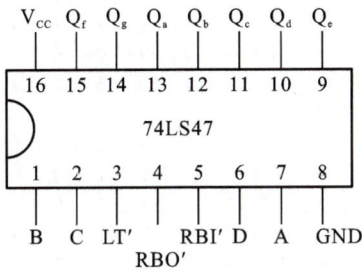

A	B	C	D	LT'	RBI'	BI'/RBO'	OUT
×	×	×	×	0	×	1	8
×	×	×	×	×	×	0	—
0	0	0	0	1	0	0	—
0	0	0	0	1	1	0	—
0	0	0	1	1	×	1	
0	0	1	0	1	×	1	2
⋮	⋮	⋮	⋮	⋮	⋮	⋮	⋮
1	1	1	1	1	×	1	15

（34） 555 定时器

```
        Vcc  DISC  TH   Vco
         8    7    6    5
        ┌─────────────────┐
        │      555        │
        └─────────────────┘
         1    2    3    4
        GND  TR'  OUT  R'D
```

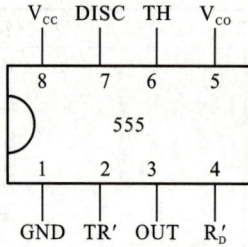

（35） 四 2 输入 CMOS 或非门

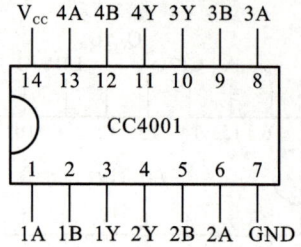

```
        Vcc  4A  4B  4Y  3Y  3B  3A
        14   13  12  11  10  9   8
       ┌────────────────────────────┐
       │          CC4001            │
       └────────────────────────────┘
        1    2   3   4   5   6   7
        1A   1B  1Y  2Y  2B  2A  GND
```

（36） 十进制同步计数器

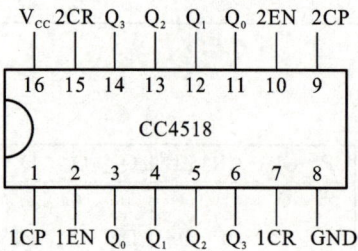

```
     Vcc 2CR  Q3  Q2  Q1  Q0  2EN  2CP
     16   15  14  13  12  11  10   9
    ┌──────────────────────────────────┐
    │             CC4518               │
    └──────────────────────────────────┘
     1    2   3   4   5   6   7    8
    1CP  1EN  Q0  Q1  Q2  Q3  1CR  GND
```

输入			输出功能
CP	CR	EN	
↑	0	1	加计数
0	0	↓	加计数
↓	0	×	保 持
×	0	↑	保 持
↑	0	0	保 持
1	0	↓	保 持
×	1	×	全 0

（37） BCD‑锁存/七段译码器/驱动器

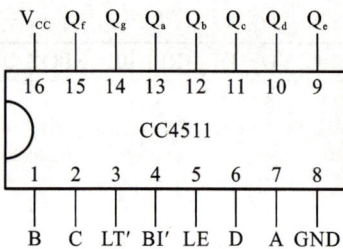

```
     Vcc  Qf  Qg  Qa  Qb  Qc  Qd  Qe
     16   15  14  13  12  11  10  9
    ┌──────────────────────────────────┐
    │             CC4511               │
    └──────────────────────────────────┘
     1    2   3   4   5   6   7   8
     B    C   LT' BI' LE  D   A   GND
```

输入							输出						
LT'	BI'	LE	A	B	C	D	Qa	Qb	Qc	Qd	Qe	Qf	Qg
×	×	0	×	×	×	×	1	1	1	1	1	1	1
×	0	1	×	×	×	×	0	0	0	0	0	0	0
0	1	1	0	0	0	0	1	1	1	1	1	1	0
0	1	1	0	0	0	1	0	1	1	0	0	0	0
0	1	1	0	0	1	0	1	1	0	1	1	0	1
0	1	1	0	0	1	1	1	1	1	1	0	0	1
0	1	1	0	1	0	0	0	1	1	0	0	1	1
0	1	1	0	1	0	1	1	0	1	1	0	1	1
0	1	1	0	1	1	0	0	0	1	1	1	1	1
0	1	1	0	1	1	1	1	1	1	0	0	0	0
0	1	1	1	0	0	0	1	1	1	1	1	1	1
0	1	1	1	0	0	1	1	1	1	0	0	1	1
0	1	1	1	0	1	0	0	0	0	0	0	0	0
0	1	1	1	0	1	1	0	0	0	0	0	0	0
0	1	1	1	1	0	0	0	0	0	0	0	0	0
0	1	1	1	1	0	1	0	0	0	0	0	0	0
0	1	1	1	1	1	0	0	0	0	0	0	0	0
0	1	1	1	1	1	1	0	0	0	0	0	0	0
1	1	1	×	×	×	×	锁存						

（38） 四上升沿 D 触发器

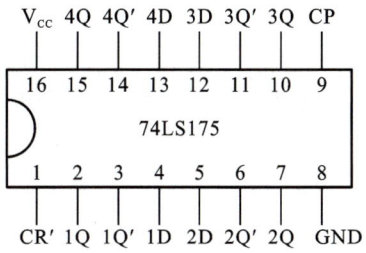

```
        Vcc  4Q  4Q′  4D   3D   3Q′  3Q  CP
        16   15   14   13   12   11   10   9
      ┌──────────────────────────────────────┐
      │                                        │
      │               74LS175                  │
      │                                        │
      └──────────────────────────────────────┘
         1    2    3    4    5    6    7    8
        CR′  1Q  1Q′  1D   2D   2Q′  2Q  GND
```

输　入			输　出	
CR′	CP	D	Q	Q′
0	×	×	0	1
1	↑	1	1	0
1	↑	0	0	1
1	0	×	Q	Q′

附录 B
常用电阻电容的标示方法

一、电阻

电阻的工艺种类繁多，根据其阻值是否可以变化，分为固定电阻和可变电阻两大类。其中固定电阻又分为轴向引线电阻、片状电阻；可变电阻又分为可调电阻、敏感电阻。

色环标志法就是用不同颜色的色环在电阻器表面标称阻值和允许偏差。

1. 两位有效数字的色环标志法

普通电阻器一般用 4 条色环表示标称阻值和允许偏差，其中 3 条表示阻值，1 条表示偏差，如图 FB.1 所示。表 FB.1 列出了色环颜色的对应值。

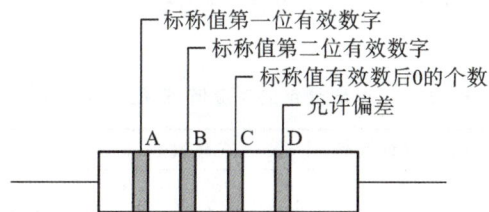

图 FB.1　两位有效数字的阻值色环标志法

表 FB.1　色环颜色的对应值(两位有效数字)

颜色	第一位有效数	第二位有效数	乘数	允许偏差/%
黑	0	0	10^0	—
棕	1	1	10^1	—
红	2	2	10^2	—
橙	3	3	10^3	—
黄	4	4	10^4	—
绿	5	5	10^5	—

续表

颜色	第一位有效数	第二位有效数	乘数	允许偏差/%
蓝	6	6	10^6	—
紫	7	7	10^7	—
灰	8	8	10^8	—
白	9	9	10^9	+50 −20
金	—	—	—	±5
银	—	—	—	10^{-2}
无色	—	—	—	±20

2. 三位有效数字的色环标志法

精密电阻器一般用 5 条色环表示标称阻值和允许偏差，如图 FB.2 所示。表 FB.2 列出了色环颜色的对应值。

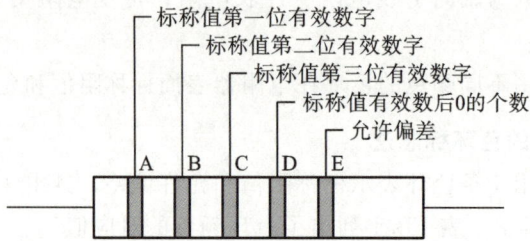

图 FB.2　三位有效数字的阻值色环标志法

表 FB.2　色环颜色的对应值（三位有效数字）

颜色	第一位有效数	第二位有效数	第三位有效数	乘数	允许偏差/%
黑	0	0	0	10^0	—
棕	1	1	1	10^1	±1
红	2	2	2	10^2	±2
橙	3	3	3	10^3	—
黄	4	4	4	10^4	—
绿	5	5	5	10^5	±0.5
蓝	6	6	6	10^6	±0.25
紫	7	7	7	10^7	±0.1
灰	8	8	8	10^8	—
白	9	9	9	10^9	—
金	—	—	—	—	—
银	—	—	—	—	—

3. 示例

(1)如图 FB.3 所示，其电阻标称值为 24×10^1 Ω＝240 Ω，其精度为±5％。

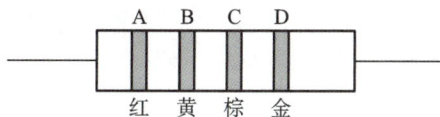

A B C D

红 黄 棕 金

图 FB.3 示例一

(2)如图 FB.4 所示，其电阻标称值为 680×10^3 Ω＝680 kΩ，其精度为±0.1％。

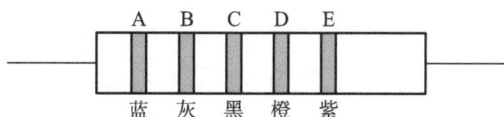

A B C D E

蓝 灰 黑 橙 紫

图 FB.4 示例二

二、电容器

电容器按电容量是否可调分为固定电容器和可变电容器两大类。其中固定电容器按介质材料不同，又可分为金属化纸介电容器、聚苯乙烯电容器、涤纶电容器、玻璃釉电容器、云母电容器、瓷片电容器、独石电容器、铝电解电容器、钽电解电容器等，如图 FB.5 所示。

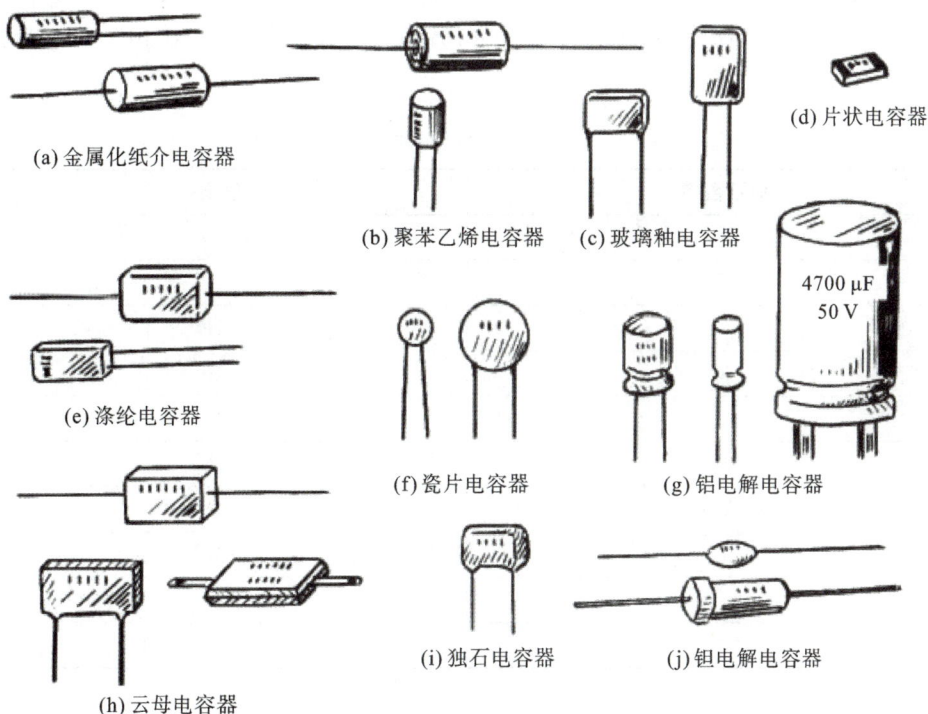

(a) 金属化纸介电容器

(b) 聚苯乙烯电容器

(c) 玻璃釉电容器

(d) 片状电容器

4700 μF
50 V

(e) 涤纶电容器

(f) 瓷片电容器

(g) 铝电解电容器

(h) 云母电容器

(i) 独石电容器

(j) 钽电解电容器

图 FB.5 固定电容器的分类

电容器的主要参数包括电容量和耐压两项。电容量是电容器贮存电荷的能力,简称容量,它的基本单位是法拉,简称法(F)。常用的容量单位有微法(μF)、纳法(nF)和皮法(pF)。它们之间的换算关系:$1 F=10^6 \mu F$,$1 \mu F=1000 nF$,$1 nF=1000 pF$。电容器上容量常见的标示方法有以下两种。

1. 直标法

直标法,即直接在电容器上标注容量。图 FB.6 所示的 100 pF 的电容器上印有"100"字样;0.01 μF 的电容器上印有"0.01"字样;2.2 μF 的电容器上印有"2.2μ"或"2μ2"字样。

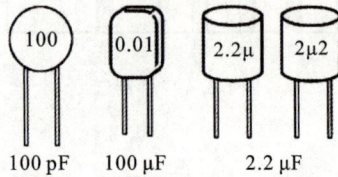

图 FB.6

2. 数码表示法

常用三位数字表示容量的大小,其单位为 pF。其中前两位是有效数,第三位是倍乘数,即表示有效数字后有多少个"0"。第三位为 0～8 时分别表示 $10^0 \sim 10^8$,而 9 则是表示 10^{-1},见表 FB.3。如 103 表示 10×10^3 pF=10 000 pF=0.01 μF;229 表示 22×10^{-1} pF=2.2 pF。

表 FB.3　数码表示法

标示数字	倍乘数
0	10^0
1	10^1
2	10^2
3	10^3
4	10^4
5	10^5
6	10^6
7	10^7
8	10^8
9	10^{-1}

附录 C

常见的焊接方法

1. 手弧焊

手弧焊是各种电弧焊中发展最早、目前仍然应用最广的一种焊接方法。它以外部涂有涂料的焊条作电极和填充金属，使电弧在焊条端部和被焊工件表面间燃烧。焊接过程中，涂料在电弧热作用下产生气体，保护电弧；同时产生熔渣覆盖在熔池表面，防止熔化金属与周围气体发生相互作用。手弧焊设备简单、轻便，操作灵活，可以应用于维修及装配中的短缝焊接，特别是可以用于难以抵达部位的焊接。

2. 钨极气体保护电弧焊

钨极气体保护电弧焊是利用钨极与工件之间的电弧使金属熔化，从而形成焊缝的一种焊接方法。钨极气体保护电弧焊能很好地控制热输入，因此它几乎可以用于所有金属的连接，尤其适用于焊接铝、镁等能形成难熔氧化物的金属，以及钛和锆这些活泼金属。

3. 熔化极气体保护电弧焊

熔化极气体保护电弧焊是以连续送进的焊丝与工件之间燃烧的电弧作为热源，由焊炬喷嘴喷出的气体保护电弧来进行焊接的一种焊接方法。根据所用气体不同，又分为熔化极惰性气体保护电弧焊（MIG 焊）和熔化极活性气体保护电弧焊（MAG 焊）两种。熔化极活性气体保护电弧焊适用于大部分主要金属，包括碳钢、合金钢的焊接；熔化极惰性气体保护焊适用于不锈钢、铝、镁、铜、钛、锆及镍合金的焊接。

4. 等离子弧焊

等离子弧焊是一种不熔化极电弧焊。它是利用电极和工件之间的压缩电弧实现焊接的一种方法。等离子弧焊的生产率高、焊缝质量好，但由于设备（包括喷嘴）较为复杂，对焊接工艺参数的控制要求较高。绝大多数金属甚至是 1 mm 以下的极薄的金属的焊接，都可以用等离子弧焊接。

5. 管状焊丝电弧焊

管状焊丝电弧焊是利用连续送进的焊丝与工件之间燃烧的电弧为热源来进行焊接的，所以可以认为它是熔化极气体保护焊的一种类型。管状焊丝电弧焊除具有熔化极气体保护电弧焊的优点外，由于管内焊剂的作用，它在冶金上更具优势，适用于大多数黑色金属接头的焊接。

6. 电阻焊

电阻焊是一种以电阻热为能源的焊接方法，包括以熔渣电阻热为能源的电渣焊和以固体电阻热为能源的电阻焊。其中，以固体电阻热为能源的电阻焊又可分为点焊、缝焊、凸焊及对焊等。点焊、缝焊和凸焊主要用于焊接厚度小于 3 mm 的薄板组件，可焊接各类钢材、铝、镁等有色金属及其合金、不锈钢等。

7. 电子束焊

电子束焊是利用集中的高速电子束轰击工件表面时产生的热能进行焊接的方法。常见的电子束焊有高真空电子束焊、低真空电子束焊和非真空电子束焊。几乎所有能用其他焊接方法进行熔化焊的金属及合金都可以用电子束焊。电子束焊主要用于高质量要求产品的焊接，还能用于异种金属、易氧化金属及难熔金属的焊接。

8. 激光焊

激光焊是利用大功率相干单色光子流聚焦形成的激光束为热源进行焊接的方法。这种焊接方法的优点是无需在真空中操作，缺点是穿透力不如电子束焊。它因为能进行精确的能量控制，所以可以实现对精密微型器件的焊接。激光焊适用于很多金属，特别是能解决一些难焊金属及异种金属的焊接难题。

9. 钎焊

钎焊是用熔点低于被焊材料的金属作钎料，经过加热使钎料熔化，将其加入接头接触面的间隙内，润湿被焊金属表面，使液相与固相之间相互扩散而形成钎焊接头的一种焊接方法。钎焊是一种固-液两相的焊接。根据热源或加热方法不同，钎焊可分为火焰钎焊、感应钎焊、炉中钎焊、浸沾钎焊、电阻钎焊等。由于钎焊时加热温度较低，对工件材料的性能影响较小，焊件的应力变形也较小，但钎焊接头的强度一般比较低，耐热能力也较差。钎焊一般适用于焊接碳钢、不锈钢、高温合金、铝、铜等金属材料，还可用于连接异种金属、金属与非金属。尤其适用于焊接受载不大或在常温下工作的接头，以及精密的、微型及复杂多钎缝的焊件。

10. 电渣焊

电渣焊是一种以熔渣的电阻热为能源的焊接方法。焊接时利用电流通过熔渣产生的电阻热将工件端部熔化。根据焊接时所用的电极形状，可以将电渣焊分为丝极电渣焊、板极电渣焊和熔嘴电渣焊。电渣焊主要用于断面对接接头焊接和丁字接头焊接，也可用于各种钢结构的焊接，以及铸件的组焊。电渣焊接头由于加热及冷却均较慢，热影响区宽、显微组织粗大、韧性低，因此焊接以后一般须进行正火处理。

11. 高频焊

高频焊是以固体电阻热为能源的焊接方法。焊接时，利用高频电流在工件内产生的电阻热，使工件焊接区表层加热至熔化或接近塑性状态，随即施加（或不施加）顶锻力而实现金属结合。根据高频电流在工件中产生热的方式，高频焊可分为接触高频焊和感应高频焊。高频焊专业化较强，需根据产品配备专用设备，它的生产率高，焊接速度可达 30 m/min，主要用于制造管子时纵缝或螺旋缝的焊接。

12. 气焊

气焊是一种以气体火焰为热源的焊接方法。气焊设备一般较为简单，操作方便，但加热速度慢、生产率低，热影响区较大，容易引起较大变形。气焊可用于很多黑色金属、有色金属及合金的焊接，主要适用于维修及单件薄板焊接。

13. 气压焊

气压焊和气焊一样，也是以气体火焰为热源的焊接方法。焊接时将两对接工件的端部加热到一定温度，然后施加足够的压力，以获得牢固接头。气压焊属于固相焊接，常用于铁轨焊接和钢筋焊接。

14. 爆炸焊

爆炸焊是以化学反应热为能源的固相焊接方法。它利用炸药爆炸产生的能量实现金属连接。在爆炸波作用下，两件金属在不到一秒的时间内被加速撞击，形成结合金属。在各种焊接方法中，爆炸焊可焊接的异种金属的组合范围最广。爆炸焊可以将冶金上不相容的两种金属焊成各种过渡接头，是制造复合板的高效方法。

15. 摩擦焊

摩擦焊是一种以机械能为能源的固相焊接方法。它的热量主要集中在接合面处，因此热影响区窄。摩擦焊生产率较高，理论上几乎所有能进行热锻的金属都能采用摩擦焊连接。其主要适用于横断面为圆形的最大直径为 100 mm 的工件。

16. 超声波焊

超声波焊也是一种以机械能为能源的固相焊接方法。焊接工件在较低的静压力下，由声极发出的高频振动能使接合面产生强烈摩擦并加热至焊接温度，从而形成结合。超声波焊可用于大多数金属材料之间的焊接，也能实现金属与异种金属、金属与非金属间的焊接，适用于金属丝、箔或 2～3 mm 以下的薄板金属接头的重复生产。

17. 扩散焊

扩散焊是一种以间接热能为能源的固相焊接方法。通常是在真空或保护气氛环境下，使两个被焊工件的表面在高温和较大压力下接触并保温一定时间，直至达到原子间距离，通过原子相互扩散实现结合。扩散焊对被焊材料的性能几乎不产生有害影响，因而可用于焊接多种同种、异种金属，以及陶瓷等非金属材料，也适用于焊接结构复杂、厚度差异较大的工件。

附录 D
常用传感器的种类

1. 热敏传感器

热敏传感器是一种将温度转化为电信号的传感器。其工作原理包括热释电效应、热电效应和半导体结效应。按感温元件不同，大致可分为铂热电阻热敏传感器、热电偶热敏传感器、热敏电阻热敏传感器。

2. 光敏传感器

光敏传感器是目前应用最为广泛的一类传感器，它利用光敏元件将光信号转换为电信号。光敏传感器不仅可用于探测光，还可以作为探测元件组成其他传感器。光敏传感器的类型有：光电二极管，常用规格型号有 BPW34、BPW21 等；CDS 光敏电阻，常用规格型号有 GL5537、GL5549 等；光敏三极管，常用规格型号有 TIL78、KDT331 等；光敏电容器，常用规格型号有 UBC11、UBC12 等；光敏晶体管，常用规格型号有 NPN 型 2SC1845、PNP 型 2SA769 等。

3. 气敏传感器

气敏传感器是一种将气体种类及浓度相关信息转换成电信号的传感器，通过电信号的强弱获取待测气体在环境中的存在情况。气敏传感器一般工作环境恶劣，气体与传感器件的材质会发生化学反应，导致器件的性能下降。

4. 力敏传感器

力敏传感器是一种将压力、应力等力学量转化为电信号的传感器。其类型有电阻型、电容型、电感型、压电型、电流型等。常用的力敏传感器主要是硅压阻式力敏传感器和电容式力敏传感器。其中硅压阻式力敏传感器的优点为灵敏度高、精度高，其缺点是受温度影响大。

5. 磁敏传感器

磁敏传感器是一种基于霍尔效应原理的磁场传感器。磁敏传感器是一种被动式的传感器，必须有一个外部的电源，这个特性也使它能够探测到低速运行。

6. 湿敏传感器

湿敏传感器是一种能够感应环境湿度，并利用其物理和化学特性变化，把水分转换为有用信号的传感器。湿敏传感器主要分为：温湿度传感器、电容式湿度传感器、电阻式湿度传感器。温湿度传感器常见的型号有 DHT11、DHT22、SHT11 等；电容式湿度传感器常见的型号有 HDC1080、SHT31 等；电阻式湿度传感器常见的型号有 HS1101、HYT - 271 等。

7. 声敏传感器

声敏传感器是一种具有高/低灵敏度范围工作的流量检测传感器。高灵敏度量程适用于在 40 dB 波动的长短波信号，低灵敏度量程应用于在 28 dB 到 68 dB 波动的长短波信号。

8. 放射线传感器

放射线传感器是一种能感受放射线并转换成可用输出信号的传感器。放射线与物质的作用是一切放射线传感器的基础。常用的放射线传感器可以分为闪烁探测器、Geiger 计数器和电离室。闪烁探测器通过测量闪烁晶体中吸收射线后产生的荧光来获取射线的能量和计数；Geiger 计数器通过测量放射性核素与气体间的电离电流来计算射线的能量和强度；电离室通常使用气体流量来计量并计算射线的强度和能量。

9. 视觉传感器

视觉传感器是一种利用光学元件和成像装置获取外部环境图像信息的仪器，其性能通常用图像分辨率来描述。图像的清晰和细腻程度通常用分辨率来衡量，用像素数量表示。常见的三种视觉传感器：线性 CCD 摄像头、面阵 CCD/CMOS 摄像头、红外线摄像头。

10. 味敏传感器

味敏传感器是一种可以检测不同气味并作出反应的传感器。通过敏感材料吸收气体、检测气体并将其转换成电信号输出，从而实现对气味等信号的处理和测量。

附录 E

UltraLab(在线实验室)系统操作指南-学生系统

一、UltraLab 系统-学生系统简介

UltraLab 系统-学生系统可以让学生对本学期所需进行的实验课程及实验课的完成状态有清晰的了解。实验时利用系统对实验数据和截图进行手动保存，可以让学生有更多的时间来检查所设参数的正确性。

二、UltraLab 系统-学生系统登录

首先，进入登录界面输入用户名和密码，点击登录即可进入 UltraLab 首页。UltraLab 系统登录界面如图 FE.1 所示。

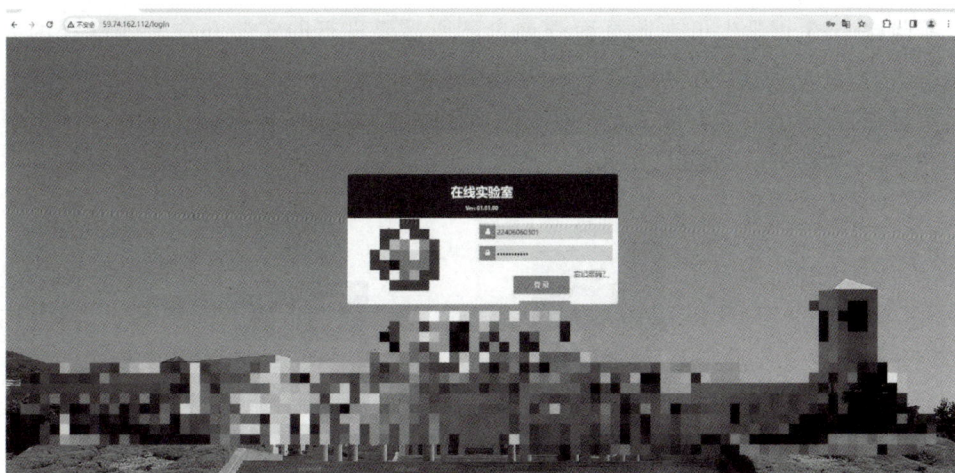

图 FE.1 UltraLab 系统登录界面

三、UltraLab 系统-学生系统首页介绍

学生系统部分主要有菜单栏和账号两部分，UltraLab 系统首页如图 FE.2 所示。

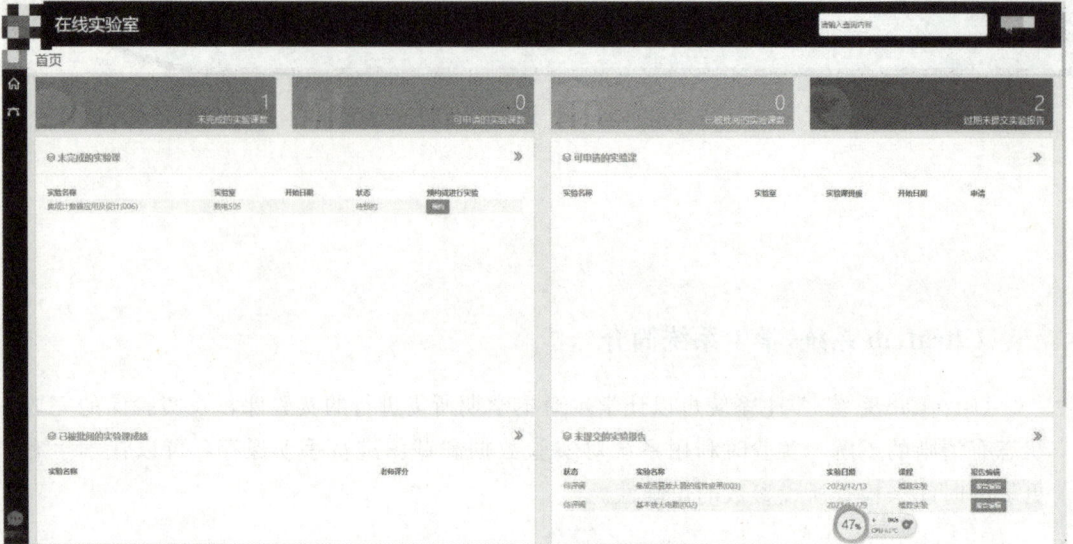

图 FE.2　UltraLab 系统首页

(1)菜单栏如图 FE.3 所示。

学生选课：学生可以在这里申请老师已发布的实验课。

实验课-学生：学生可在此页面查询自己所需要进行的实验和查看实验课的完成状态。

实验报告-学生：学生可在此页面查询自己做过实验的实验报告。

(2)账号如图 FE.4 所示。

图 FE.3　菜单栏　　　　图 FE.4　账号

退出系统：点击后用户下线。

更改密码：点击后进入更改密码页面，如图 FE.5 所示。

图 FE.5　更改密码

用户 Code：当前用户登录账号，不可更改。

新密码：点击文本框可输入新密码。

确认密码：点击文本框再次输入新密码，确认两次输入密码一致。

重置：点击"重置"按钮，新密码和确认密码文本框置为空，可重新输入。

保存：点击"保存"按钮，即可保存修改后的新密码。（注：只有两次的输入密码一致，保存按钮才有效，且文本框不变为红色。）

关闭：点击"关闭"按钮，关闭更改密码页面，退出修改密码。

四、学生选课与进行实验

1. 查询实验课

将实验名称、关联课程、实验日期填入相应的文本框，点击"查询"按钮，即可在下方查询结果中查看对应的实验课信息，如图 FE.6 所示。点击"重置"按钮，查询页面恢复到刚进入此页面时的初始状态。

图 FE.6　学生选课

2. 预约实验台

若当前学生是老师新建实验课添加的学生，或者实验课负责老师通过了当前学生的申请，实验状态为待预约，此时，点击"预约"按钮显示实验课数据后面的预约实验台，或者从主页点击"预约"按钮，进入分配实验台页面，如图 FE.7 所示。

图 FE.7　分配实验台

刷新：点击"刷新"按钮，即可刷新分配实验台页面。

我要排队：若当前实验台有空闲，点击"我要排队"，则会报错，若当前没有空闲的实验台，点击"我要排队"，更新实验状态为预约排队中。

返回：点击"返回"按钮，即可返回实验查询页面。

预约：点击实验台下面的"预约"按钮，即可预约此实验台。已被占用或者多人占用的实验台不能预约，只能预约学生当前座位标号的实验台，且实验台的实验仪器都显示绿色（表示联网成功），才能进行实验。实验台个别仪器不亮，可能是没开机，如遇到联网不成功的情况，报告老师，换其他实验台预约并实验。

3. 进入实验

回到主页，该学生的实验状态为预约成功时，点击"进入实验"，进入开始实验页面，如图 FE.8 所示。

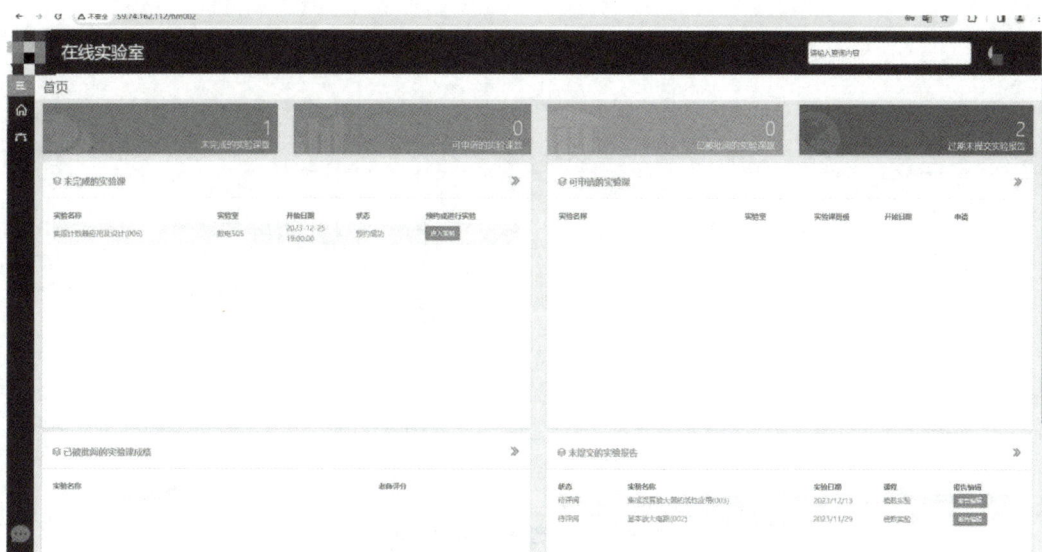

(a)

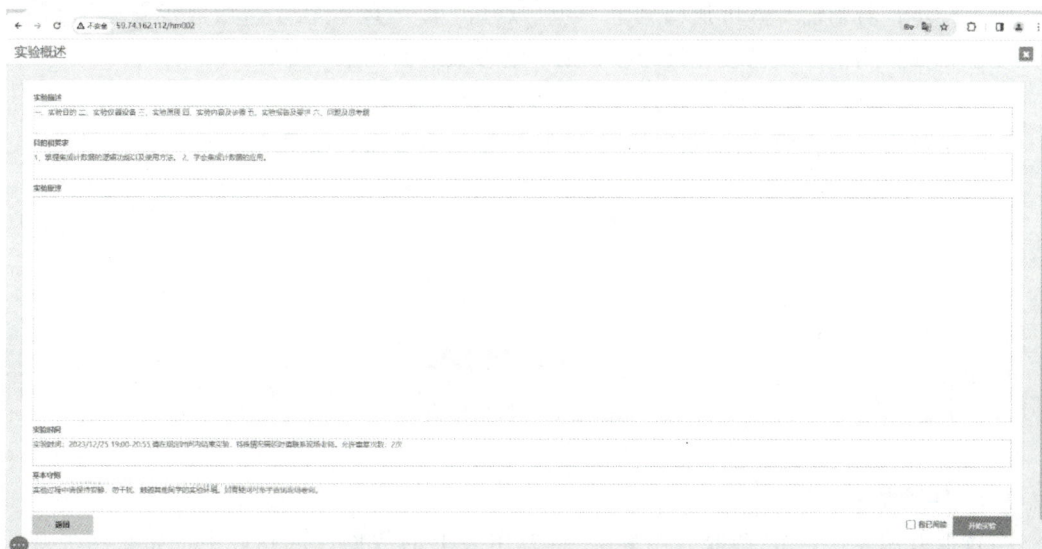

(b)

图 FE.8　开始实验

返回：点击"返回"按钮，即可返回实验查询页面。

开始实验：若不勾选"我已阅读"，点击"开始实验"，会报错，若已勾选"我已阅读"，则进入实验的第一步操作。

4. 继续实验

学生的实验状态为进行中时(实验中点击刷新此页面可达到此状态)，从主页点击"继续实验"，进入退出时的中间操作步骤页面，如图 FE.9 所示。

2、异步计数器

74LS90功能表如下。

输				入 输			出
R1	R2	S1	S2	Q1	Q2	Q3	Q4
1	1	0	×	0	0	0	0
1	1	×	0	0	0	0	0
×	×	1	1	1	0	0	1
×	0	×	0	计			数
0	×	0	×	计			数
0	×	×	0	计			数

图 FE. 9　实验操作中间步骤

上一步：若当前步骤可返回到上一步，点击"上一步"按钮，从当前步骤返回到上一步骤，如果当前步骤已设置仪器参数则清空参数返回到上一步骤。

下一步：点击"下一步"，可进入下一步骤的页面。

异常结束：点击"异常结束"按钮，弹出异常结束页面，如图 FE.10 所示。

异常结束

异常结束原因

| 确定 | 取消 |

图 FE. 10　异常结束

5. 实验数据测量

读取万用表：点击"读取万用表"，将万用表上的数据读取到表中，如联网失败，则显示读取失败。

读取示波器：点击"读取示波器"，将示波器上的波形截到表中，如联网失败，则显示读取失败。

读取信号源：点击"读取信号源"，将信号源上的设置截到表中，如联网失败，则显示读取失败。

手动输入：点击"手动输入"，可以将数据通过键盘输入表中。

实验数据如图 FE.11 所示。

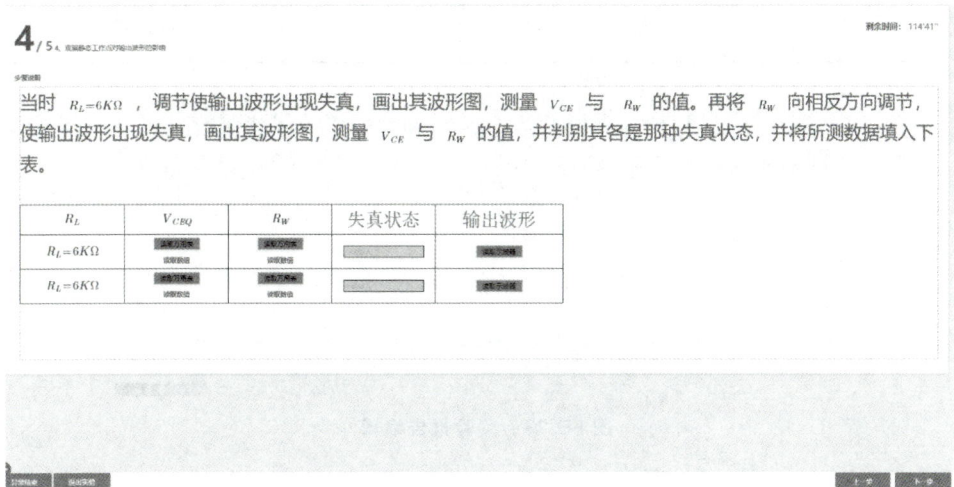

图 FE.11 实验数据测量

6. 结束实验

完成实验最后一步，会弹出实验已完成页面，如图 FE.12 所示。

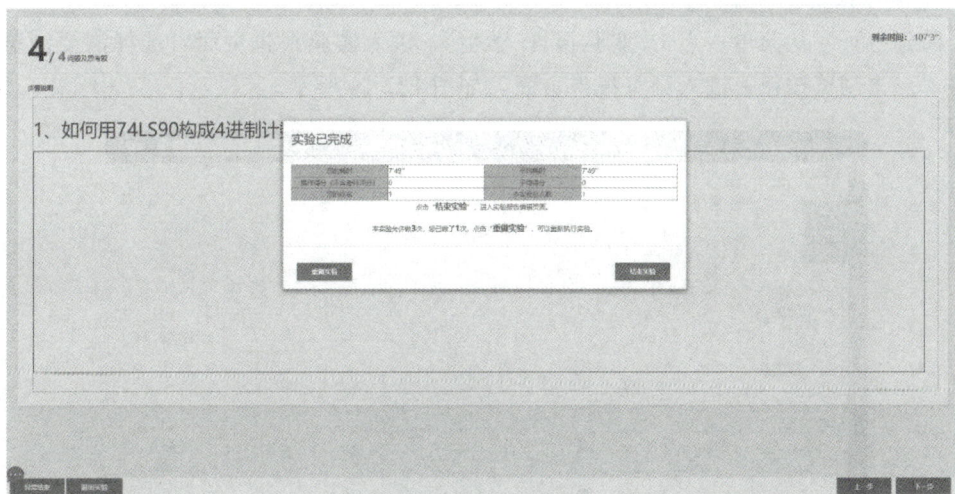

图 FE.12 结束实验

重做实验：点击"重做实验"，实验数据清空，学生可以重新做实验。

结束实验：点击"结束实验"，实验数据保存，进入实验报告编辑页面，如图 FE.13所示。

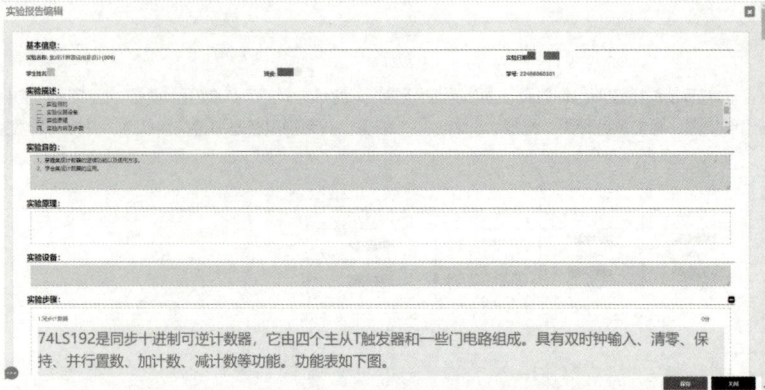

图 FE.13 实验报告编辑

实验总结：点击"文本框"，输入做完该实验后的总结。

保存：输入实验总结后，点击"保存"，即可提交本次实验报告。

关闭：点击"关闭"，返回实验查询页面。

7. 浏览报告

回到主页，从菜单栏点击"实验报告-学生"，进入实验报告页面，选择需要浏览的报告，点击浏览按钮，进入浏览报告页面，如图 FE.14 所示。

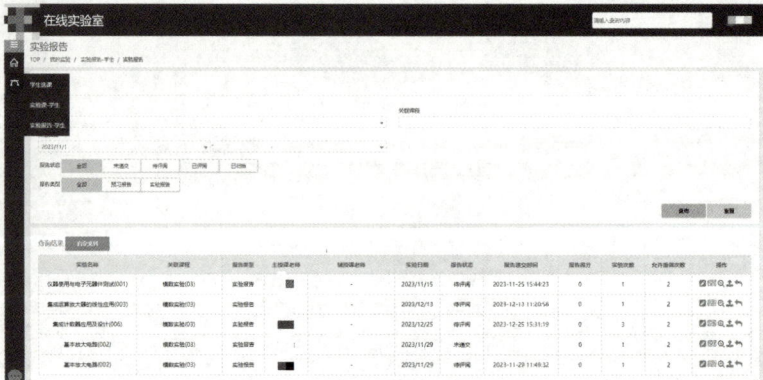

图 FE.14 浏览报告

8. 打印报告

学生需要打印报告时，可登录校园网，进入系统，输入自己的账号，查看及导出 PDF，实验报告以 PDF 的形式导出，供学生直接打印，如图 FE.15 所示。

图 FE.15 打印报告

附录 F

Multisim 电路设计与仿真软件使用指南

一、仿真软件基本操作

打开安装好的仿真软件，按照下面的步骤，学习软件的基本操作。

(1)放置元器件：鼠标右键点击空白区域，选择放置元器件，快捷键为"Ctrl＋W"，如图 FF.1 所示。

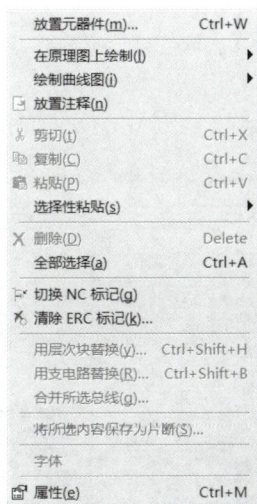

放置元器件(m)...	Ctrl+W
在原理图上绘制(l)	▶
绘制曲线图(j)	▶
放置注释(n)	
剪切(t)	Ctrl+X
复制(C)	Ctrl+C
粘贴(P)	Ctrl+V
选择性粘贴(s)	▶
删除(D)	Delete
全部选择(a)	Ctrl+A
切换 NC 标记(g)	
清除 ERC 标记(k)...	
用层次块替换(y)...	Ctrl+Shift+H
用支电路替换(R)...	Ctrl+Shift+B
合并所选总线(g)...	
将所选内容保存为片断(S)...	
字体	
属性(e)	Ctrl+M

图 FF.1　放置元器件

(2)选择元器件：在元器件处输入元器件的型号或者英文代码，选择合适的元器件调用，如图 FF.2 所示。

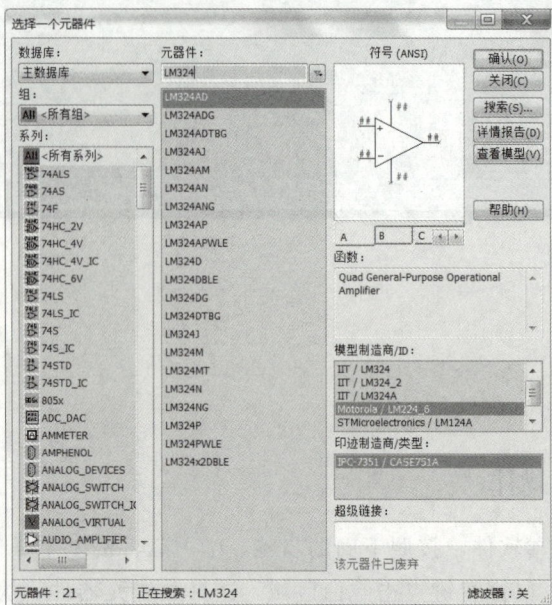

图 FF.2 选择元器件

二、常用部分元件调用实例

(1)电阻的调用如图 FF.3 所示。

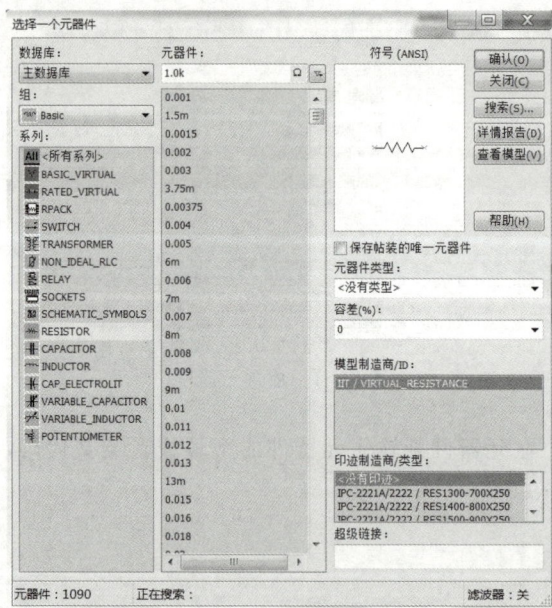

图 FF.3 电阻的调用

(2)电位器的调用如图 FF.4 所示。

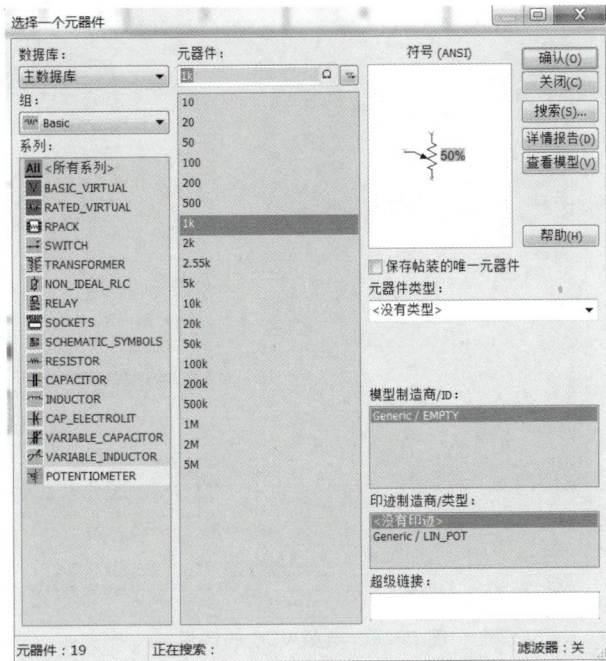

图 FF.4　电位器的调用

(3)电容的调用。调用后双击图标可调数值，如图 FF.5 所示。

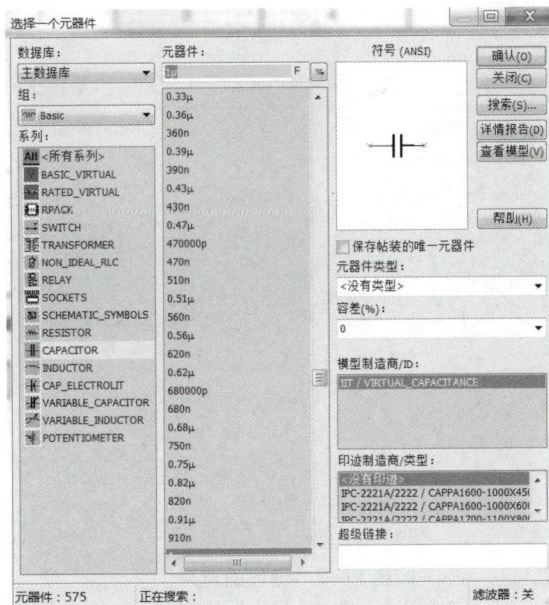

图 FF.5　电容的调用

（4）电源 VCC 调用后双击图标可调数值，如图 FF.6 所示。

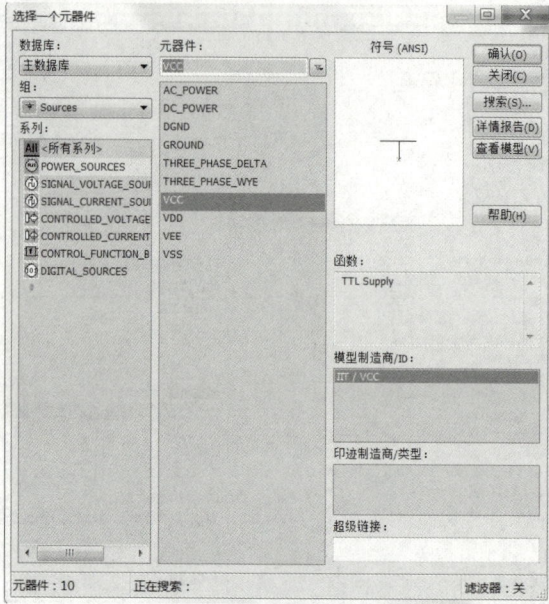

图 FF.6　电源 VCC 的调用

（5）地线的调用如图 FF.7 所示。

图 FF.7　地线的调用

（6）开关的调用如图 FF.8 所示。

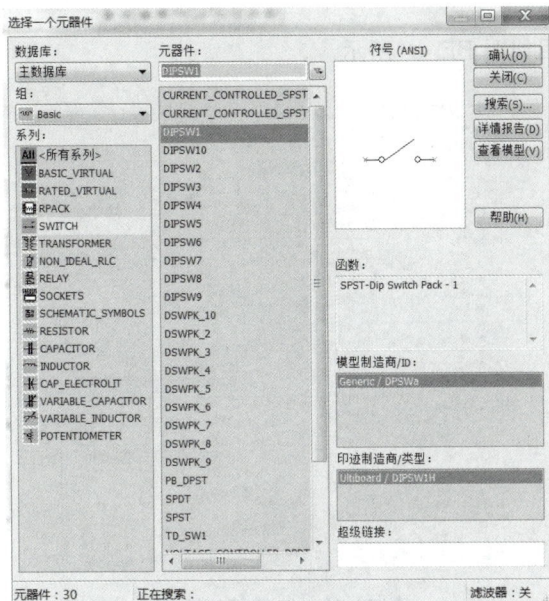

图 FF.8　开关的调用

（7）单刀双掷开关的调用如图 FF.9 所示。

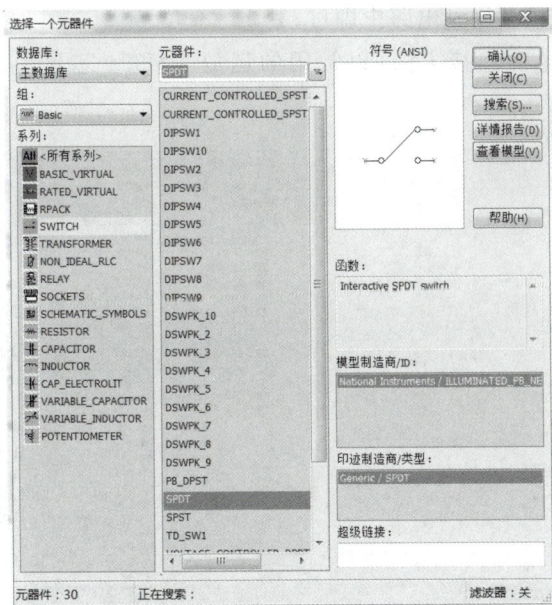

图 FF.9　单刀双掷开关的调用

三、模电部分元器件调用实例

(1)二极管的调用如图 FF.10 所示。

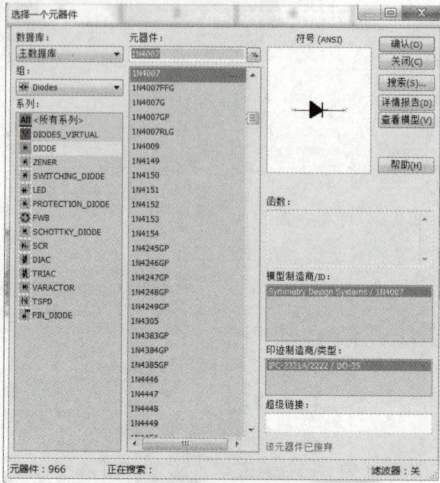

图 FF.10　二极管的调用

(2)放大电路常使用 NPN 型 9013 三极管完成电路。因软件未能自带 9013 三极管，所以根据 9013 三极管的参数在库中可以新建一个 9013 三极管文件，打开后，将图 FF.11 中的三极管直接调用到电路中即可。

(3)运放和正负电源连接方法(以常用的运放 LM324 芯片为例)。如图 FF.12 至 FF.13 所示。

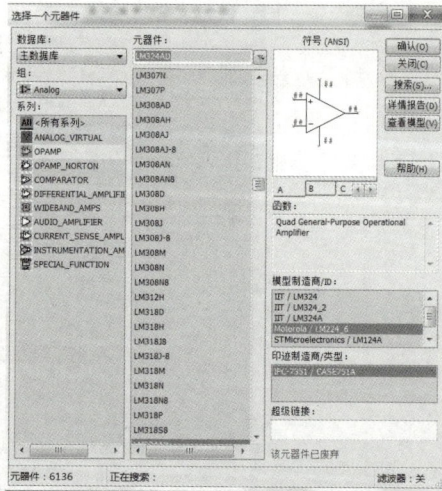

图 FF.12　运放和正负电源连接

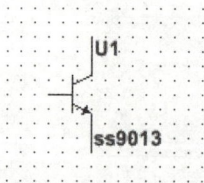

图 FF.11　三极管的调用

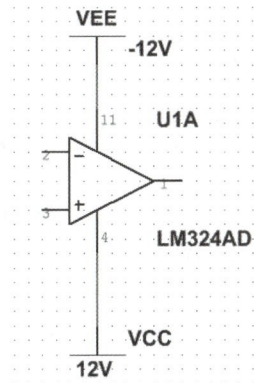

图 FF.13　LM324 芯片

四、数电部分元件调用实例

（1）调用常用芯片时输入需要的芯片的型号即可。以 74LS00 与非门为例，如图 FF.14 所示。

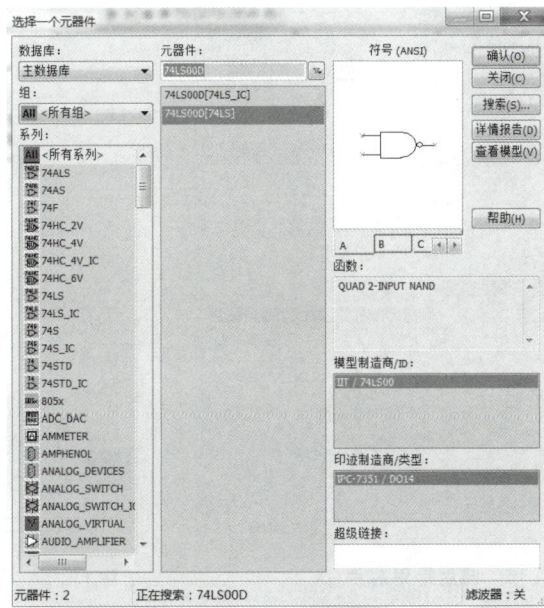

图 FF.14　调用常用芯片

（2）输入端实现方法 1，常用于单个输入实现。单刀双掷开关，开关打到上面输入接 V_{cc} 相当于逻辑 1；开关打到下面输入接地相当于逻辑 0，如图 FF.15 所示。

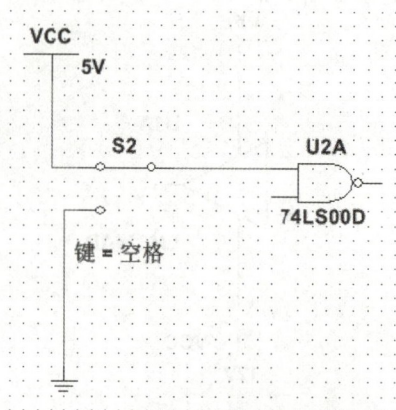

图 FF.15　调用常用芯片

（3）输入端实现方法 2，常用于多个输入实现。单刀多掷开关，开关打到上面输入接 V_{CC} 相当于逻辑 1；开关打到下面输入接地相当于逻辑 0，如图 FF.16 至图 FF.17 所示。

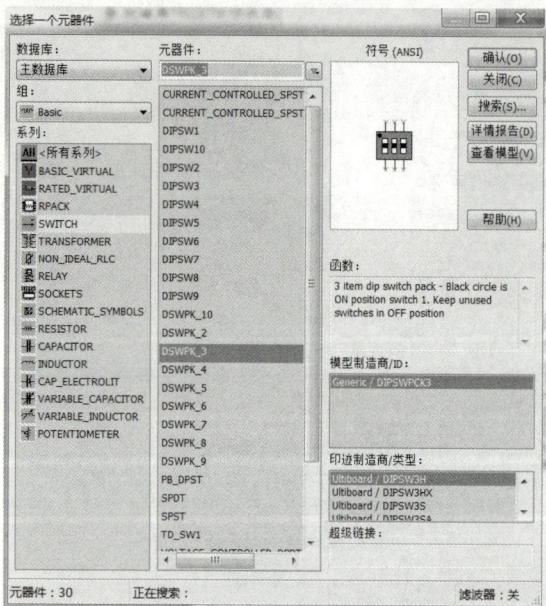

图 FF.16　调用常用芯片

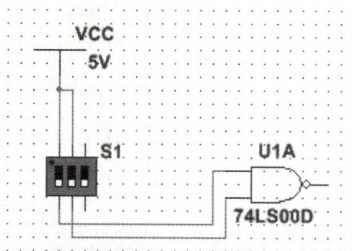

图 FF.17　调用常用芯片

（4）输出端实现方法 1。小灯泡一端接输出，另一端接地，输出为高电平，灯泡亮；输出为低电平，灯泡不亮，如图 FF.18 和图 FF.19 所示。

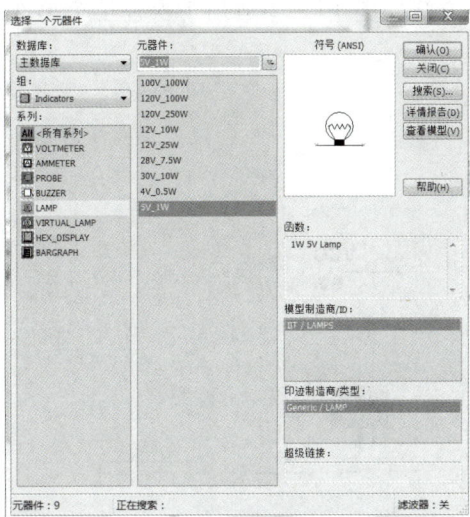

图 FF.18　输出端小灯泡的调用

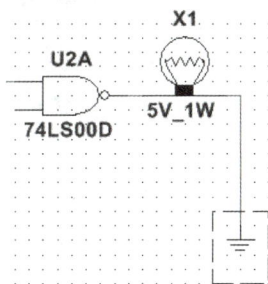

图 FF.19　输出端小灯泡的连接

（5）输出端实现方法 2。发光二极管一端接输出，另一端接地，输出为高电平，发光二极管亮；输出为低电平，发光二极管不亮，如图 FF.20 至图 FF.21 所示。

图 FF.20　输出端发光二极管的调用

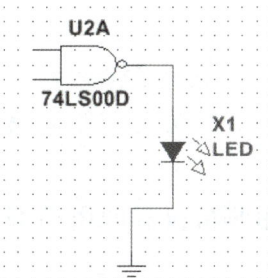

图 FF.21　输出端发光二极管的连接

（6）单次脉冲的实现方法。介绍两种实现方法。图 FF.22 适用于模拟单个单次脉冲；图 FF.23 适用于模拟多个单次脉冲。

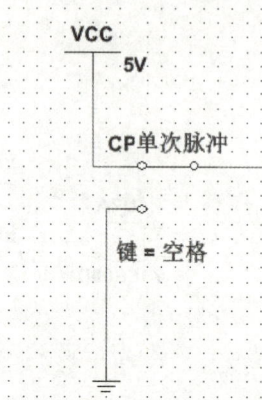

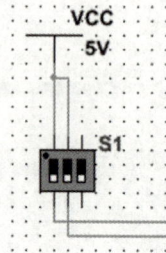

图 FF.22　单个单次脉冲　　　　图 FF.23　多个单次脉冲

（7）连续脉冲的实现方法。在软件最右侧，调用函数发生器，切换波形为方波，并输入频率等参数，然后连线即可，如图 FF.24 所示。

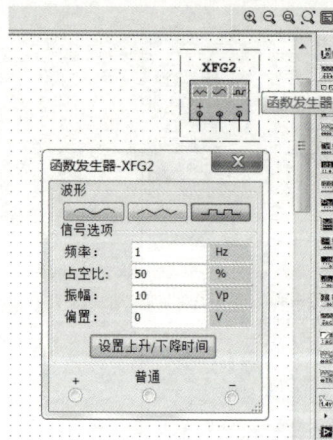

图 FF.24　连续脉冲的实现方法

五、常用测量仪器调用举例

（1）函数发生器的调用。可用于模电实验中输入信号产生；数电实验中连续脉冲的产生。图为 1 kHz 10 mV 正弦信号的设置。设置和连线如图 FF.25 所示。

（2）万用表主要用于测量直流和交流电压，如图 FF.26 所示。

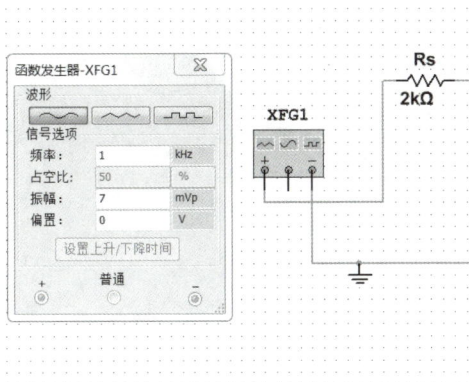

图 FF.25　正弦信号设置与连线

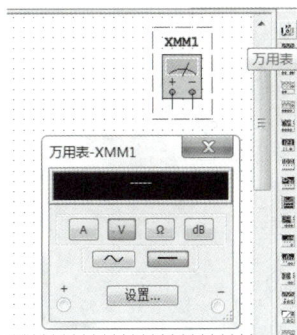

图 FF.26　万用表的调用

（3）双通道示波器的调用。可显示双通道的波形，波形时间轴可调时基标度；幅度轴可调对应通道的刻度值。调节 Y 轴位移可以使波形发生纵向平移，使波形分开，不重叠，如图 FF.27 所示。

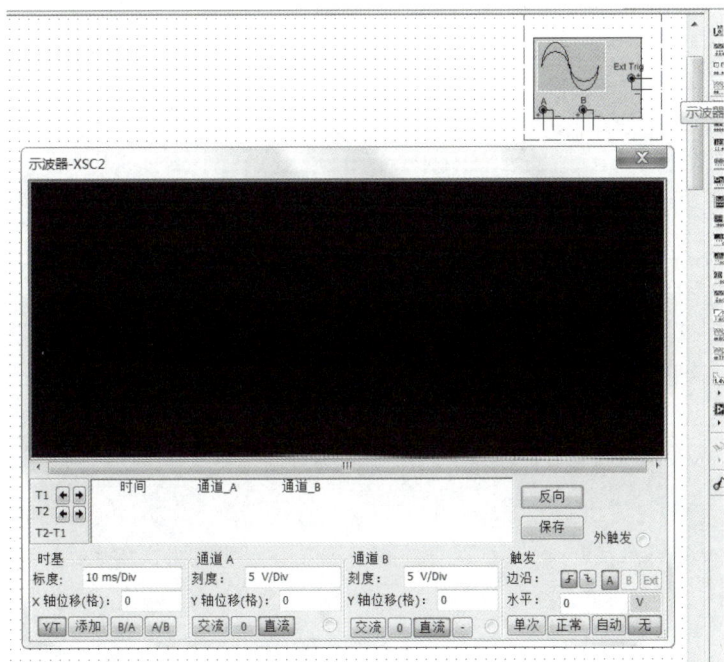

图 FF.27　双通道示波器设置

通过以上实例的学习，同学们可以熟练准确地对于仿真软件进行操作，达到事半功倍的效果。